DR. RENATE JONES

Welpen—schule

SOZIALISIEREN – ERZIEHEN – BESCHÄFTIGEN

MIT KOSMOS MEHR ENTDECKEN
Der ideale
Einstieg
SEIT 1822

KOSMOS

Inhalt

In 3 Schritten zum Experten

1. SCHRITT
alles im Überblick

Am Anfang des Kapitels finden Sie das Wichtigste auf einen Blick. Seitenverweise führen Sie gezielt zu den ausführlichen Informationen.

2. SCHRITT
alles Wissenswerte

Abgeschlossene Doppelseiten bieten weiterführende Informationen zu den Themen. Entweder lesen Sie von hier aus weiter oder Sie gehen zurück zum Überblick, um das nächste Thema auszuwählen.

3. SCHRITT
alle Extras

Das könnte Sie auch noch interessieren, denn hier finden Sie Themen, die über das Wesentliche hinausgehen. Diese Seiten sind kein Muss, machen aber neugierig und Lust auf mehr.

EINGEWÖHNEN

LERNEN

alles im Überblick

alles Wissenswerte

alle Extras

ERZIEHEN

alles im Überblick

alles Wissenswerte

alle Extras FÜR KIDS

SERVICE

IM NEUEN ZUHAUSE

Eingewöhnen

Gut vorbereitet

S. 8

Sozialisierung

Zeigen Sie Ihrem Welpen die Welt – das neue Zuhause, unterschiedliche Menschen, andere Hunde, die Stadt, Autofahren – all das sind Dinge, die er kennenlernen sollte, damit ein souveräner Hund aus ihm wird.

S. 10

Sicherheit & Vertrauen

Geben Sie Ihrem Welpen Schutz und Geborgenheit, spielen Sie mit ihm, kuscheln und streicheln Sie ihn. Er wird immer mehr Vertrauen zu Ihnen fassen und Ihnen gern überallhin folgen.

S. 12

Checkliste

Das macht einen guten Züchter aus:

- ❑ Hündin und Welpen werden im Haus gehalten und haben Anschluss an die Familie.
- ❑ Die Welpen machen einen munteren und gesunden Eindruck.
- ❑ Der Züchter beantwortet Ihnen geduldig Ihre Fragen und gibt Auskunft über die Rasse, ihre Eigenschaften, Gesundheit, usw.
- ❑ Er ist an Ihren Lebensumständen interessiert und will das Beste für seine Welpen.

S. 30

IN 6 SCHRITTEN ZUM WELPEN-VERSTEHER

S. 34

Positive Erfahrungen

Viele Hunde zittern in den Wartezimmern der Tierärzte und lassen sich nicht gern anfassen. Das muss nicht sein – auch ein Tierarztbesuch kann für einen Welpen von Anfang an positiv sein. Sprechen Sie vorab mit Ihrem Tierarzt, nehmen Sie sich Zeit für Ihren ersten Besuch und stecken Sie ganz besondere Leckerchen ein. Beim ersten Besuch sollte noch gar nichts passieren, sondern der Welpe darf sich den Behandlungstisch ganz in Ruhe anschauen.

Das Zauberwort Sozialisierung

Sie haben schon einen Welpen oder sind dabei, sich einen in Ihre Familie zu holen? Sie und Ihre Familie wollen Spaß und Freude an ihm haben und viele Jahre mit ihm zusammenleben? Dann nichts wie los! Doch von Anfang an muss der kleine Kerl viel lernen. Aus dem süßen Hündchen wird rasend schnell ein erwachsener Hund. Im Augenblick ist er noch niedlich und achtet auf jeden Ihrer Schritte. Wenn Sie wollen, dass das so bleibt, müssen Sie etwas dafür tun. In spätestens einem halben Jahr ist aus Ihrem Welpen ein Halbstarker geworden. Stellen Sie jetzt die Weichen richtig, damit er später allen Lebenslagen gewachsen ist.

Früh übt sich

Oft wird mit der Erziehung begonnen, wenn der Hund ein bisschen älter ist – häufig erst mit sechs Monaten, also bereits in der Pubertät –, damit er Zeit hat, sich einzugewöhnen, und seine Freiheit noch etwas genießen kann. Aber würden Sie erst bei einem sechzehnjährigen Teenager mit der Erziehung anfangen? Wohl eher nicht. Also lieber früher beginnen. Deshalb möchte ich Ihnen in der „Welpenschule" zeigen, wie Ihr kleiner Hund schon ab acht Wochen ohne Stress und Zwang die wichtigsten Dinge lernen kann. Auf angenehme Weise sammelt er mit Ihnen zusammen die ersten Lebenserfahrungen und lernt,

Kauvergnügen Welpen nehmen zur Erkundung alles Mögliche ins Maul und kauen darauf herum.

Wer bist du? Es macht Spaß, an den Haaren zu schnüffeln. Da ist Stillhalten am Allerbesten.

Hausgemeinschaft Katze und Welpe kennen sich schon länger – deswegen ist der quietschende Ball interessanter.

die Situationen des täglichen Lebens zu meistern. So kann er sich zu einem selbstsicheren und zuverlässigen Begleiter entwickeln, mit dem man gern sein Leben teilt.

Vieles, was für angeboren gehalten wurde, wie z. B. die Beißhemmung, ist nach heutigen wissenschaftlichen Erkenntnissen nicht angeboren, sondern muss frühzeitig erlernt werden. Dieser Lernprozess, die Sozialisierung, beginnt mit der 3. und dauert ungefähr bis zur 14. Lebenswoche. Hunde in diesem Alter sind besonders aufnahmefähig und beeindruckbar und lernen unglaublich schnell.

Die Welt entdecken

Während der Sozialisierungsphase lernt ein Welpe, mit Menschen, anderen Hunden und allen Lebenslagen zurechtzukommen. Dazu gehört unter anderem spazieren gehen, Auto und Straßenbahn fahren, ins Café gehen, sich bürsten lassen und nicht grob sein.

Ein Welpe sollte Kinder kennen- und lieben lernen. Dann lässt er sich später nicht so leicht von ihnen erschrecken und eventuell zum Schnappen reizen. Sogar der Umgang mit anderen Hunden muss gelernt werden – wie gesagt, das alles ist nicht angeboren.

Je länger es dem Zufall überlassen bleibt, was ein Hund lernt, desto ungewisser sind die Aussichten. Versäumnisse in diesem Alter können häufig nicht mehr aufgeholt werden. Das Tragische daran ist, dass das nicht sofort, sondern erst Monate später augenfällig wird, z. B. beim Eintreten der Geschlechtsreife. Plötzlich wird der kleine süße Welpe ein wilder, kaum kontrollierbarer oder in manchen Fällen ängstlicher und nervöser Hund.

DIE WICHTIGSTE ZEIT

Die ersten 14 Lebenswochen sind für die Zukunft entscheidend. Die Erfahrungen in dieser Zeit bestimmen, ob aus dem Welpen ein zuverlässiger und kinderfreundlicher Hund wird, der Menschen mag, sich mit anderen Hunden verträgt, in allen Lebenslagen entspannt und selbstsicher bleibt und nirgends unangenehm auffällt. Es entscheidet sich jetzt, ob er ein freundliches, zuverlässiges Familienmitglied werden wird.

Es gibt so viel zu lernen

Ein Welpe, der in eine neue Familie kommt, verliert an diesem Tag wichtige Sicherheitsfaktoren wie Mutter, Geschwister und die gewohnte Umgebung. Das tägliche Leben in der neuen Familie ist fremd, die Umgebung auch. Er muss sich also von einem Tag auf den anderen auf ein anderes Leben einstellen.

Riesen und Zwerge Das Leckerchen macht Sitzen vor sooo großen Menschen leicht.

Vertrauen und Bindung

Das Wichtigste, damit die neue Familie und der Welpe in Zukunft erfolgreich zusammenleben können, sind Vertrauen und eine gute Bindung zwischen Mensch und Hund. Beides kann vom ersten Tag an gezielt gefördert werden, wenn man dem Welpen einen Teil seines Futters nicht aus dem Napf gibt, sondern über den Tag verteilt direkt aus der Hand. Bedenken Sie: Auch die Beziehung zwischen Welpen und Mutter erwächst daraus, dass die Mutter die direkte Quelle für Nahrung, Wärme und Fürsorge ist. Der Welpe macht dabei regelmäßig die Erfahrung: Der Mensch hat das, was ich brauche, und, besonders wichtig, menschliche Hände sind gut. Ein Welpe gewöhnt sich außerdem ganz nebenbei daran, ruhig vor seinen Menschen zu sitzen und immer ein bisschen länger auf den Futterbissen zu warten. So wird „Ruhig-vor-dem-Halter-Sitzen“ mit der Zeit ein Ritual – nützlich z. B. beim Anleinen. Der Welpe lernt:

- Ruhig sitzen lohnt sich und ist besser als Hochspringen.
- Warten lohnt sich.
- Ich bekomme Futter für ein ganz bestimmtes Verhalten.
- Es macht Spaß, mit diesem Menschen zusammen etwas zu tun.
- Frustrationskontrolle.

Nase am Boden Pino sucht einen Löseplatz.

Prima! Hier auf der Wiese darf Pino Pippi machen.

Auf diesem Weg können auch Körperpflegemaßnahmen von Anfang an zum Vergnügen werden. Natürlich könnte man die meisten Welpen einfach dazu zwingen, sich das Nötige gefallen zu lassen. Aber später, bei einem erwachsenen Hund, kann es sehr schwer werden, gegen seinen Willen Zecken zu entfernen oder Zähne und Ohren zu kontrollieren, besonders, wenn etwas wehtut. Aber Welpen, die gelernt haben, dass das Untersuchen aller Körperstellen mit Leckerbissen verbunden ist, genießen später die Körperpflegemaßnahmen, auch ohne dauernde Futterhäppchen (siehe S. 24).
Sind Bindung und Vertrauen gut, kann der Halter außerdem auch bei großer Ablenkung die Aufmerksamkeit seines Hundes gewinnen, z. B. in einer Welpengruppe. Das erleichtert es, in den nächsten Wochen und Monaten gewünschte Verhaltensweisen wie „Sitz“, „Platz“ und„Komm“ erfolgreich aufzubauen (siehe S. 52 ff.).

Immer im Blick

Neben Vertrauen und Bindung ist im Zusammenleben mit Menschen die Stubenreinheit unerlässlich und muss vom ersten Tag an trainiert werden (siehe S. 15). Hunden ist angeboren, außerhalb des Nests eine geeignete Stelle zu suchen, um Kot und Urin abzusetzen. Dabei erfolgt sogar eine gewisse Prägung auf den Untergrund. Deshalb ist ein Welpe am schnellsten zuverlässig stubenrein, wenn er erst gar keine Fehler machen kann. Der Halter sollte also besonders in den ersten Tagen sofort reagieren und den Welpen, sobald er ein geeignetes Örtchen sucht, direkt an die richtige Stelle bringen.

001 **Aus-der-Hand-füttern** Im Film wird der Aufbau von Vertrauen durch Fütterung gezeigt.

Der Züchter legt den Grundstein

Die Sozialisierung beginnt bereits mit der dritten Lebenswoche. Deshalb sollten Sie den Züchter gezielt aussuchen. Er hat nicht nur durch die Auswahl der Elterntiere ganz entscheidenden Einfluss auf die angeborenen Anlagen eines Hundes. Durch die Umgebung, die er seinen Hunden bietet, legt er in den ersten Lebenswochen auch die Grundlagen für die Sozialisierung der Welpen.

Besuch beim Züchter

Es ist wichtig zu wissen, woher ein Hund stammt. Besuchen Sie Züchter, Hündin und Welpen ruhig mehrmals vor dem Kauf, damit Sie sehen, wie Ihr zukünftiges Familienmitglied aufwächst. Viele Züchter bestehen sogar darauf, Sie vorher kennenzulernen. Ein Züchter, der Besuch ablehnt, hat vielleicht anderes im Auge als Ihre Interessen!? Ein Hundekind, das in einer Menschenfamilie mit Kindern und vielleicht auch noch mit anderen Haustieren seine ersten Lebenswochen verbringt und mit allen gute Erfahrungen macht, hat später keinen Anlass, sich vor Menschen, Geräuschen, Unruhe und anderen Tieren zu fürchten.
Aber Vorsicht: Zu viel des Guten kann das Gegenteil bewirken. Zu viel Kontakt mit Kindern kann, ebenso wie unangenehme Erfahrungen, später eine gesteigerte Empfindlichkeit gegenüber Kindern zur Folge haben.

Gut versorgt Am Anfang finden die Kleinen bei ihrer Mutter Nahrung, Schutz und Wärme.

UMGANG FÄRBT AB

Der ganze Wurf sollte einen zufriedenen und zutraulichen Eindruck machen. Auch die Hunde, mit denen die Welpen zusammenleben, sind wichtig. Ängstliche oder aggressive Hunde können durch ihr Verhalten Welpen ungünstig beeinflussen. Aber auch idyllische Ruhe und vor allem wenig Kontakt mit Menschen, sind ungünstig für die Entwicklung eines Familien- und Stadthundes. Am Besten ist ein Umfeld, das den zukünftigen Lebensbedingungen gleicht.

Kontaktaufnahme Mundwinkelstupsen ist angeboren – muss aber geübt werden.

Auf großer Fahrt

Welpen werden mit etwa acht Wochen vom Züchter abgegeben. Später sollte es nur dann sein, wenn beim Züchter positiver, enger und häufiger Kontakt des Welpen mit Menschen jeder Altersstufe und jeden Geschlechts garantiert ist. Der Züchter selbst sollte Interesse an einer guten Sozialisierung seiner Hunde zeigen und bereit sein, aktiv daran zu arbeiten.
Durch die Besuche beim Züchter haben Sie und Ihr kleiner Hund sich schon kennengelernt und angefreundet. Vielleicht haben Sie sogar schon Autofahren geübt. Das macht das Abholen leichter. Was für Sie nämlich ein freudiges Ereignis ist, bedeutet für den Welpen einen riesigen Schock: Er verliert gleichzeitig Mutter, Geschwister und die gewohnte Umgebung. Das erzeugt Angst. Er könnte das mit dem Autofahren verbinden und sein ganzes Leben davor Angst haben – bis zum Erbrechen. Versuchen Sie also, die Situation zu entschärfen. Das Ziel ist nicht, so schnell wie möglich zu Hause zu sein, sondern vielmehr so schonend und vergnügt wie möglich. Knallen Sie nicht mit den Türen, fahren Sie langsam. Füttern Sie kleine Leckerbissen, am besten vom gewohnten Futter. Halten Sie unterwegs häufig an und gehen Sie mit Ihrem Hundekind Gassi. Wenn es ein Geschäft macht, verdient es ein großes Lob.

Spielzeit Im Spiel mit den Geschwistern üben die Welpen den richtigen Umgang miteinander.

Auf Erkundung Schon mit drei Wochen gehen die kleinen Vierbeiner auf Entdeckungsreise.

Die ersten Tage im neuen Zuhause

Zeigen statt Reden Durch ihre Rassezugehörigkeit sind Hunde naturgemäß verschieden. Es können auch nicht alle gleich klug sein und gleich schnell lernen. Was der eine rasch versteht, muss mit dem anderen öfter geübt werden. Erwarten Sie deshalb bitte keine Wunder. Da Welpen sehr beweglich und unternehmungslustig sind, überschätzt man sie oft und erwartet zu viel. Dabei wird leicht vergessen, wie kindlich ein junger Hund in Wirklichkeit noch ist. Zudem versteht er die menschliche Sprache nicht. Wir übersehen das gern und legen bei der Erziehung viel Wert auf Worte. Es gibt aber ein Mittel, das Hunde schneller und besser verstehen können und selbst zur Verständigung benutzen – die Körpersprache. Also zeigen wir doch, was wir wollen, anstatt lange darüber zu reden.
Nehmen Sie an, Sie wären in China. Sie können Chinesisch weder sprechen noch verstehen und auch nicht lesen. Und jetzt brauchen Sie dringend eine Toilette. Nützt es Ihnen viel, wenn man Ihnen den Weg erklärt? Ändert es etwas, wenn man Sie dabei auch noch anschreit? Am meisten wäre Ihnen wahrscheinlich geholfen, wenn man Sie einfach hinführen würde, oder? Genauso geht es auch Ihrem neuen Mitbewohner. Zeigen Sie ihm also, was Sie von ihm erwarten und was er tun soll.

Neues entdecken Ein riesiges neues Ding – Vorsicht ist geboten – kann man sich da hineintrauen?

Vorsicht Zuerst ein Fuß – es duftet aber wirklich interessant da drin – das muss überprüft werden.

Stubenreinheit

Wacht Ihr kleiner Hund auf, dann gehen Sie jedes Mal mit ihm an die Stelle, an der er sein Geschäft machen darf. Das sollte eine grasbewachsene und/oder gut aufsaugende Stelle sein. Wenn es eilig ist, dann tragen Sie ihn am besten dorthin. Setzen Sie ihn ab, und wenn er sein Geschäft ordentlich erledigt hat, verdient er ein großes Lob und eine Belohnung.
Bestrafen Sie Ihren Hund niemals, wenn etwas schiefgeht. Es war nicht sein, sondern Ihr Fehler, weil Sie nicht auf ihn geachtet haben. Außerdem lernt er durch eine Strafe nicht das, was Sie ihm eigentlich beibringen wollen. Stellen Sie sich folgende Situation einmal vor: Er sucht und findet schließlich eine gut aufsaugende Stelle auf Ihrem Perserteppich, von seinem Standpunkt aus wunderbar geeignet. Nach der alten Methode packen Sie ihn, drücken seine Nase in die Pfütze und schütteln ihn leicht am Nackenfell. Dann tragen Sie ihn nach draußen und zeigen ihm eine Stelle, wo Sie persönlich seine Pfütze lieber hätten. Sie denken, er hat verstanden, dass er nicht in der

Mutig voran Hinten ist was Nettes zu essen – es hat sich doch tatsächlich gelohnt, weiter hineinzugehen.

Geschafft Ein Dach über dem Kopf und schützende Wände rundherum – irgendwie richtig gemütlich.

Wohnung pinkeln soll. Er hat jedoch etwas ganz anderes gelernt:
— Nicht an dieser einen Stelle pinkeln.
— Lass dich nicht dabei erwischen.
— Menschenhände sind unberechenbar.

Die Hundebox

Niemand kann einen Welpen pausenlos im Auge behalten. Daher ist es sinnvoll, ihn zwischendurch so unterzubringen, dass er nichts anstellen kann, was ihm schaden könnte oder worüber Sie sich später ärgern müssen. Nehmen Sie dazu einen abgeteilten Bereich der Wohnung oder einen Zimmerkennel. Hunde lieben Höhlen und brauchen einen eigenen Platz.
Machen Sie diesen Ort besonders attraktiv: Hier gibt es häufig Futter, die besten Spielsachen und wunderbare Kauknochen. So machen Sie diesen Platz rasch zum Lieblingsaufenthaltsort. Der Kennel dient aber nicht dazu, den Welpen über längere Zeit einzusperren.

002 **Hundebox** Im Film wird noch einmal gezeigt, wie man Hunde am besten an eine Box gewöhnt.

Der Welpe erobert die Welt

Die ersten Tage hat Ihr kleiner Welpe gut überstanden und tapst neugierig durch sein neues Zuhause. Wissbegierig wird er nun Ihren Haushalt und alles, was dazugehört, ausgiebig erforschen.

Übungsgänge

In den ersten Wochen ist es wichtig, dass Sie Ihren Welpen an seine neue Umwelt gewöhnen. Gehen Sie in ganz kleinen Schritten vor. Ruhige Straßen, kurze Straßenbahn-, U-Bahn- und Autofahrten sind besser verträglich. Wählen Sie nicht den Tag, an dem Sie in der Stadt eine Menge zu erledigen haben, sondern machen Sie in Ruhe echte Übungsfahrten und Übungsgänge. Dabei sollten Sie selbst entspannt sein. Üben soll allen Beteiligten Spaß machen – auch durch den Einsatz von Futterhäppchen. Stress, Druck oder zu langes Üben schaden und bewirken eher das Gegenteil.

Ist das aufregend! In dieser unüberschaubaren Umwelt ist der eigene Mensch der wichtigste Sicherheitsfaktor.

GEMEINSAM DINGE MEISTERN

- Entdecken Sie gemeinsam Geräusche, Gerüche und verschiedene Bodenbeschaffenheiten. Gehen Sie lieber öfter, aber kurz mit Ihrem Welpen in diese aufregende Welt.
- Die unterschiedlichsten Menschen und Tiere werden dem Hund in seinem Leben begegnen. Nutzen Sie jetzt die Zeit zum Kennenlernen.
- Lautes Quietschen der Bremsen am Bahnsteig, die Durchsage über den Lautsprecher, hastig rennende Menschen, all das kann Ihr Welpe mit Ihnen an seiner Seite als ganz normal empfinden lernen.
- Gemeinsam einen großen Ast überklettern, essbare Beeren pflücken oder einen kleinen Bach durchqueren stärken das Selbstvertrauen.

Welpenspiel Jeder muss die Regeln lernen und angemessen mit dem Spielgefährten umgehen.

Bitte nicht zu grob! Die Zungenspitze bei dem unten liegenden Welpen erinnert: Wir streiten nicht – wir spielen.

Kontakt mit Artgenossen

Lange Zeit hat man angenommen, dass Hunde sich von Anfang an gegenseitig verständigen können und wissen, wie sie mit Artgenossen umgehen müssen. In Wirklichkeit ist es etwas anders. Die Grundlagen der Kommunikation sind zwar angeboren, aber ähnlich wie Kinder ihre Muttersprache im Umgang mit den Eltern lernen, erwerben Welpen ihre sozialen Fähigkeiten im täglichen Zusammenleben mit Mutter und Geschwistern. Anschließend muss der junge Hund seine sozialen Fähigkeiten regelmäßig üben. Heranwachsende Hunde, die längere Zeit keinen Umgang mit Artgenossen haben, können schon erworbene Fähigkeiten wieder verlieren. Das geschieht nicht selten, wenn ein Welpe aufgrund einer ansteckenden Erkrankung von Artgenossen ferngehalten werden muss, oder weil es ihm sehr schlecht geht, oder durch einen längeren Zwingeraufenthalt ohne angemessenen Kontakt mit Artgenossen. Aber auch unangenehme Erfahrungen mit anderen Hunden können die sozialen Fähigkeiten beeinträchtigen. Besonders ängstliche Welpen sind da empfindlich.

Kommen lohnt sich

Wahrscheinlich stehen Sie mit leuchtenden Augen da und schauen verträumt zu, wie reizend Ihr Kleiner mit anderen Welpen spielt und dabei eine Menge Spaß hat. Diese Erfahrung birgt jedoch eine Gefahr: Er hat Spaß ohne Sie. Wenn Sie nicht ganz durchdacht und zielstrebig mit dieser Situation umgehen, haben Sie gar keine Wahl: Sie sind in jedem Fall der Spielverderber. Indem Sie Ihren Hund rufen, beenden Sie eines der größten Vergnügen, die es im Hundeleben gibt. Ihrer Aufforderung „Komm“ zu folgen, bringt für Ihren Hund nichts als Nachteile: Das Spiel mit dem Artgenossen ist zu Ende, er kommt an die Leine und es geht heim. Der Spaß ist vorbei!

Rufen Sie Ihren Hund aus dem Spiel heraus, belohnen Sie ihn mit einem Lob und einem Leckerchen und schicken Sie ihn dann wieder zum Spielen. Das „Rückrufleckerchen“ sollte etwas auffallend Gutes sein, dann lohnt sich das Herkommen auch tatsächlich. Die allerbeste Belohnung aber ist, dass Ihr Hund wieder zum Spielen darf.

Spielzeit In der Welpengruppe findet man Freunde und Gelegenheit für wilde Spiele.

Ein Kindergarten für Welpen

Welpenspielgruppen helfen dabei, den Welpen und auch den Halter fit für das gemeinsame Leben in der Gesellschaft zu machen. Welpen lernen und üben hier den Umgang und die Kommunikation mit etwa gleichaltrigen Artgenossen, die völlig anders aussehen können als die eigenen Geschwister. Spielerisch und unter kontrollierten Bedingungen können sie die Umwelt kennenlernen und gute Erfahrungen mit anderen Hunden und Menschen sammeln. Herrchen und Frauchen erfahren viel über die Körpersprache von Hunden und lernen, wie die Kommunikation mit dem Welpen am besten klappt. Sie erhalten auch Antworten auf die vielen Fragen, die sich im täglichen Zusammenleben mit einem Welpen ergeben.

Qualität

Ausschlaggebend für die Qualität einer Welpengruppe ist selbstverständlich die fachliche Kompetenz des Leiters und seiner Mitarbeiter. Leider gibt es bisher für Hundetrainer keine staatlich anerkannte Ausbildung, anders als Tierpfleger oder Pferdewirt, die eine dreijährige Ausbildung hinter sich haben. Sie können also nicht davon ausgehen, dass jeder Hundetrainer ein bestimmtes, von einer unabhängigen sachkundigen Stelle überprüftes Grundlagenwissen besitzt. Fragen Sie daher den Kursleiter nach seiner Ausbildung. Da die Qualität der Welpengruppe großen Einfluss darauf hat, wie gut sich der Welpe, aber auch das Zusammenleben in der Familie, in den nächsten Wochen entwickelt, sollten Sie sich möglichst mehrere Welpengruppen ansehen – am besten sogar schon bevor Sie Ihren Welpen haben. Merkmale einer guten Welpengruppe sind:

— Der Umgangston gegenüber Hunden und Menschen ist ruhig, freundlich und entspannt.
— Der Trainer geht geduldig auf Fragen ein.
— Ein Trainer ist für vier bis höchstens sechs Welpen zuständig.
— Die Welpen werden nicht über längere Zeit einfach sich selbst überlassen.
— Verhaltensweisen wie „Sitz" und „Platz" werden spielerisch geübt, nicht mit Drill, Zwang und Strenge.
— Die Welpen werden nicht handgreiflich bestraft.

Tipp: Gute Erfahrungen

Finden Sie in Ihrer erreichbaren Nähe keine gute Welpengruppe, ist es besser, wenn Sie selbst dafür sorgen, dass Ihr Welpe ausreichend Gelegenheit hat, gute Erfahrungen mit Menschen, Artgenossen und der Umwelt zu sammeln.

Pause Aber man kann auch in Ruhe erst Mal aus sicherer Entfernung zuschauen.

Umgangsformen

Achten Sie besonders darauf, was empfohlen wird, wenn ein Welpe nicht das tut, was er soll. Vorsicht ist geboten bei körperlichen Strafen, z. B. den Welpen auf den Rücken werfen oder ein fester Schnauzengriff. Beides kann Misstrauen gegenüber menschlichen Händen bewirken. Anschreien und Schimpfen belasten die Beziehung. Auch wenn ein anderer Mensch als der Halter schreit, ist das für einen Welpen anstrengend. Heftiges Rucken an der Leine ist nachweislich mitbeteiligt an der Entwicklung von sogenannter Leinenaggression. Die Folgen von schlechten Erfahrungen in der Welpengruppe zeigen sich leider oft erst nach der Pubertät.

Begegnung mit kleinen und großen Menschen

Wesen auf zwei Beinen Vielleicht hat Ihr Welpe außer einer einzigen Person, dem Züchter, noch nie andere Menschen gesehen. Ein Welpe sollte während der Sozialisierungsphase mit möglichst vielen verschiedenen Menschen, Erwachsenen und Kindern, in den verschiedensten Situationen gute Erfahrungen machen. Je häufiger ein kleiner Hund etwas erlebt hat, desto normaler wird es

Kleines Energiebündel Noch ist der Welpe verhältnismäßig leicht zu bändigen. Aber das ändert sich in kürzester Zeit.

Kuscheln Nur bei großem Vertrauen ist so enger Kontakt ein Vergnügen. Das muss geübt und gelernt werden.

Hundeglück Liebevoller und sanfter Kontakt mit den Händen – so lernt der Welpe, Hände zu mögen.

für ihn. Er hat gelernt, keine Angst zu haben, und kann unbefangen und entspannt damit umgehen. Versuchen Sie Ihre Freunde dafür zu gewinnen, Ihnen bei diesem Training zur Hand zu gehen, vor allem Männer und Kinder, da diese für viele Hunde beunruhigender und angsterregender sind als Frauen. Das Training sollte immer in angenehmer Umgebung stattfinden, und wieder geht es am einfachsten mittels Futter. Also bitten Sie alle erdenklichen Freunde, Ihren Hund mit der Hand zu füttern und ihn anzufassen. Wer es wichtig findet, dass der Hund kein Futter von anderen nimmt, kann bei dieser Übung das Futter selbst geben, während Freunde den Hund streicheln.

Kind und Hund

Schenken Sie dem Verhältnis von Kindern und Hund gesteigerte Aufmerksamkeit, insbesondere, wenn Sie selbst keine Kinder haben, und vor allem, wenn Sie irgendwann später Kinder planen. Kinder sind nicht berechenbar, und wenn Ihr Hund vor Kindern keine Angst hat, sondern sie liebt, beugen Sie damit einer ganzen Reihe von unangenehmen Zwischenfällen vor. Leihen Sie sich, wenn möglich, Kinder von Freunden oder Ihren Nachbarn. Um weder Kind noch Hund zu überfordern, sollte ein Hund am Anfang immer nur ein Kind auf einmal kennenlernen und bitte nur unter Aufsicht. Nur dann können Sie sicherstellen, dass die Erfahrungen für beide Seiten positiv verlaufen. Mittel der Wahl ist wieder Futter. Ein hungriger Hund ist sehr leicht davon zu überzeugen, dass Hände mit Futter eine gute Sache sind. Er lernt so, ihnen zu vertrauen, sogar, wenn sie sich schnell bewegen. Da er keine Angst davor hat, gibt es auch keinen Grund, danach zu schnappen. Lassen Sie also Kinder, die das schon können, den Welpen aus der Hand füttern, und die, die dazu zu schüchtern sind, den Futternapf halten.

Wie Hund und Katz

Auch das Verhältnis Ihres Hundes zu anderen Haustieren können Sie über positive Verstärkung gut lenken. Das erste Zusammentreffen sollte gezielt für alle angenehm gestaltet werden. Wenn unerwünschtes Verhalten erst gar nicht stattfindet, vermeiden Sie negative Verknüpfungen und verstärken auch nicht aus Versehen unerwünschtes Verhalten.

Belohnen Sie also z. B. Ihren kleinen Hund, während er die Katze nicht beachtet. Bedenken Sie jedoch im Zusammenhang mit Kaninchen und anderen jagdbaren Tieren, dass der Jagdtrieb bei unterschiedlichen Rassen verschieden stark ausgeprägt ist. Wie mit Kindern ist es empfehlenswert, nicht allzu großes Vertrauen in das perfekte Benehmen aller Beteiligten zu setzen. Bleiben Sie immer dabei.

So bleibt man gern allein daheim

Lassen Sie Ihren Welpen von Anfang an nur tun, was er auch als Erwachsener darf. Vieles, was an einem Welpen nicht stört oder sogar als lustig gilt, kann beim erwachsenen Hund unerträglich werden. Er sollte später nicht plötzlich getadelt oder bestraft werden für etwas, was er früher tun durfte. Auch wenn er noch so süß ist, ein Welpe sollte nicht pausenlos die Aufmerksamkeit seiner Menschen genießen und nur verwöhnt werden.

Also machen Sie schon jetzt zwischendurch auch Pausen. Lassen Sie Ihren Welpen kurz allein, ohne sich lange zu verabschieden, loben und begrüßen Sie ihn beim Zurückkommen auch nicht extra. Das ist ein erster Schritt, um Trennungsangst zu vermeiden. Sonst könnten Sie später einen erwachsenen Hund haben, der die ganze Nachbarschaft zusammenheult, oder Ihre Wohnung zerlegt, wenn er alleingelassen wird.

Neugier Alles wird mit Pfoten und Maul genauestens erforscht und sollte das auch aushalten können.

Hier gibt es was zu knabbern – ein toller Platz.

Beide sind mit etwas Interessantem beschäftigt.

Kurz mal alleinbleiben ist dann auch kein Problem.

Bin kurz mal weg

Üben Sie das Alleinbleiben mehrmals täglich, später mit kurz geschlossener Tür, dann mit kurzem Verlassen der Wohnung. Machen Sie aus dem Weggehen kein Drama. Sorgen Sie dafür, dass der Kleine müde und satt auf seinem Plätzchen liegt und ein attraktives Spielzeug in Reichweite hat, mit dem er sich auch einen Moment allein beschäftigen kann. Dehnen Sie die Dauer Ihrer Abwesenheit langsam und in kleinen Schritten aus.

Sachen zerkauen

Ganz normales Hundeverhalten wird zum Problem, wenn es zur falschen Zeit, am falschen Ort oder am falschen Objekt ausgeführt wird. Das Zerkauen von Gegenständen ist normales Verhalten, das verstärkt in der Zeit des Zahnwechsels auftritt. Am falschen Gegenstand ausgeführt, kann es nicht nur ärgerlich und teuer, sondern für einen Hund u. U. sogar lebensgefährlich werden. Lassen Sie Ihren Welpen also erst gar nicht gebrauchte Schuhe oder andere Kleidungsstücke nehmen. Es gibt keine Garantie, dass er immer richtig wählen wird und nicht eines schönen Tages Ihre neuen, nur einmal getragenen Schweinslederhandschuhe attraktiv findet.

Kauspielzeug

Wertvolle, aber auch gefährliche Gegenstände sollten generell nicht in Reichweite eines jungen Hundes sein. Bieten Sie stattdessen Kauspielzeuge an, die nicht verschluckt oder zerstört werden können. Spielzeug, das mit Futter gefüllt wird, lenkt das Interesse des Hundes gezielt auf ein geeignetes Objekt und verringert das Interesse an anderen Gegenständen. Am Anfang sollte das Futter leicht zugänglich sein, um Frustration zu vermeiden. Auf diese Weise lernt er, sich gern und immer länger mit einem Kauspielzeug zu beschäftigen und zerkaut nichts anderes. Später kann er das dann auch, wenn er allein bleiben muss.

Ungeeignet als Spielzeug sind Tennisbälle und Steine: sie beschädigen den Zahnschmelz. Auch bei Ästen und Stöcken ist Vorsicht geboten. Sie können sich beim schnellen Lauf ins Maul spießen und führen nicht selten zu Verletzungen. Gehen Sie also lieber nicht darauf ein, wenn Ihr Welpe mit Steinen und Stöcken spielen will.

003 **Kauspielzeug** Im Film wird gezeigt, wie man Hunde an Spielzeug gewöhnt.

Aufbau von Vertrauen

Ein junger Hund lernt am leichtesten, wenn alles für ihn selbst wünschenswert ist. So ist es z. B. ein großer Vorteil, wenn er es liebt, angefasst zu werden. Das ist in allen Lebenslagen wichtig, denken Sie z. B. an einen Tierarztbesuch oder an die tägliche Körperpflege. Gehen Sie bei den hier beschriebenen Übungen sanft vor und machen Sie das Ganze für ihn und sich zum Vergnügen.

Pfoten anfassen

Sorgen Sie dafür, dass Ihr Welpe Hunger hat und Leckerchen gerne nimmt. Futterhäppchen versüßen das Stillhalten. Nehmen Sie die Pfote anfangs kurz in die Hand, nach und nach etwas länger. Geben Sie ihm während der ganzen Zeit, in der Sie seine Pfote anfassen und kontrollieren, immer einen Bissen nach dem anderen zu essen.

Pfoten Die Pfote wird angehoben – gleichzeitig gibt es was Gutes – das fühlt sich gut an und ist daher leicht auszuhalten.

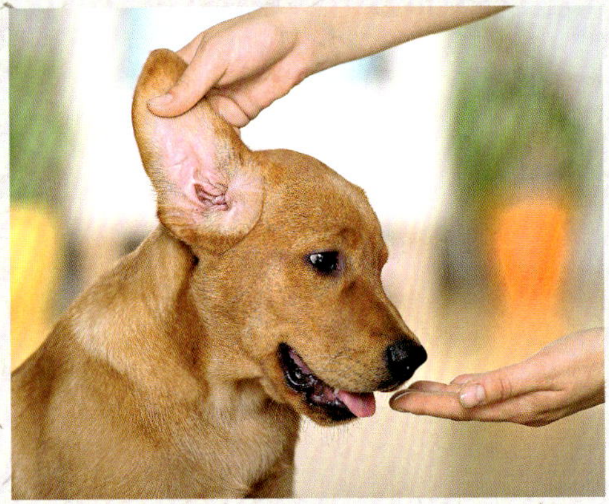

Ohr Das Ohr wird angehoben und dabei gibt's Leckerchen. Das macht die Körperpflege schmackhaft.

Bürsten Auch beim Bürsten wird gefüttert. Geben Sie Ihrem Welpen zu Beginn die ganze Zeit Futterstückchen.

Ohrkontrolle

Heben Sie vorsichtig das Ohr an und geben Sie ihm gleichzeitig Futterhäppchen. So können Sie sich Schritt für Schritt einzelnen Körperzonen nähern. Das fortlaufende Füttern bewirkt, dass sich alles angenehm anfühlt. Es ist keine Belohnung für Wohlverhalten.

Berührung Noch ist diese Berührung kein Genuss.

Fellpflege

Auch an die Fellpflege können Sie ihn ganz langsam gewöhnen. Zeigen Sie ihm die Bürste. Dann streichen Sie ganz sacht über den Rücken und er bekommt dabei Futterhäppchen. Mit der Zeit wird er dadurch die Körperpflege immer mehr genießen und sich schließlich auch freiwillig auf die Seite legen.

Sie haben nun zwei Fliegen mit einer Klappe geschlagen: Ihr Hund möchte etwas von Ihnen, nämlich Futter. Er bekommt Bissen für Bissen, während er alles anschauen lässt. Sie haben die Kontrolle und er merkt: Was immer Sie tun, ist angenehm. Je vergnüglicher Sie die ganze Sache gestalten, desto lieber macht er mit. Bedenken Sie: Es gibt grundsätzlich keine zweite Chance für den ersten Eindruck. Das gilt besonders auch für Hunde. Gerade das erste Mal sollte vergnüglich sein und auch nicht zu lange dauern. Futter ist dabei eine große Hilfe.

004 **Körperpflege** Im Film wird noch einmal gezeigt, wie man Hunde an die Pflege gewöhnt.

Sag schön „Guten Tag"

Wölfe und Hunde unterscheiden sich zwar deutlich, aber viele Verhaltensweisen sind leichter zu verstehen, wenn man betrachtet, wozu sie beim Wolf dienen. Ganz junge Wölfe lecken und stupsen an die Mundwinkel ihrer Mutter, wenn diese von der Jagd heimkehrt. Dann würgt sie Futter, das sie im Magen mitgebracht hat, wieder hervor. Das Verhalten des Welpen ist angeboren, weil es lebenswichtig ist: Es bewirkt Zuwendung und Futter.

Ein Kuss zur Begrüßung

Aus dem Mundwinkelstupsen entwickelt sich ein Begrüßungsritual: Jungtiere versuchen unter anderem, den älteren Rudelmitgliedern die Mundwinkel zu lecken. Dieses Verhalten wird zeitlebens gezeigt, auch von Hunden.
Um bei der Begrüßung an das menschliche Gesicht und die Mundwinkel zu gelangen, versuchen viele Welpen daher von Anfang an hochzuspringen.

Da bin ich! Hochspringen ist normal und für Menschen bei einem Welpen zunächst nicht wirklich unangenehm.

Strecken Wenn man sich wirklich streckt, reicht man vielleicht bis zur Hand – das könnte sich eventuell lohnen.

Uns Menschen ist zwar das Belecken unangenehm, aber das Hochspringen eines Welpen zunächst nicht. Im Gegenteil, wir belohnen es: Wir streicheln ihn liebevoll. Doch das ändert sich spätestens, wenn der Hund 20 oder 30 kg wiegt bzw. wenn man gut angezogen ist. Schimpfen ist leider meist keine wirksame Gegenmaßnahme. Der Versuch, die Mundwinkel zu lecken, gehört, wie das Anheben einer Vorderpfote, zum Demutsverhalten. Je unangenehmer Sie also werden, desto nachdrücklicher versucht Ihr Hund, Sie zu beschwichtigen. Er bemüht sich daher immer intensiver, an Ihre Mundwinkel zu kommen, und springt beharrlich weiter an Ihnen hoch. Auch Wegschieben nützt erfahrungsgemäß wenig. Daraus kann sich im weiteren Verlauf für Ihren Hund sogar ein Spiel entwickeln. Er beansprucht Ihre Aufmerksamkeit, und ohne es zu wollen trainieren Sie ihn, Sie anzuspringen.

Kein Erfolg Es lohnt sich leider doch nicht: Die Hand wird weggedreht. Der Welpe versteht das schnell und lässt ab.

So ist es richtig Wer sich hinsetzt, bekommt sofort ein Leckerchen. Sitzen ist also viel besser als Hochspringen.

Vorsitzen statt Hochspringen

Hochspringen können Sie abgewöhnen, indem Sie einfach reaktionslos stehen bleiben, wenn Ihr kleiner Hund an Ihnen hochspringt. Reden Sie nicht mit ihm und schauen Sie ihn auch nicht an. Wenn er sich irgendwann mehr oder weniger zufällig hinsetzt, bücken Sie sich sofort, geben ihm ein Leckerchen und loben und streicheln ihn. Hören Sie mit Loben und Streicheln auf, sobald er aufsteht oder wieder hochspringt. Auch Besucher und alle Familienmitglieder sollten sich so verhalten. Nach wenigen Wiederholungen dieser Übung haben Sie einen Hund, der aufmerksam vor Ihnen sitzt, anstatt an Ihnen hochzuspringen. Er weiß, Sie sind leicht erziehbar: Er hat Ihnen beigebracht, ihn zu belohnen, sobald er sich hinsetzt.

005 **Hochspringen** Im Film wird noch einmal gezeigt, wie man Hunden das Vorsitzen lehrt.

Grundlagen für das Zusammenleben

Rangordnung Bei in Gefangenschaft gehaltenen Wölfen hat man beobachtet, dass stärkere Tiere sich besser durchsetzen und sich dadurch Vorteile verschaffen können. Sie sind aus diesem Grund natürlich erfolgreicher beim Erwerb von lebenswichtigen Dingen wie Futter oder einem guten Schlafplatz. Daraus entwickelt sich mit der Zeit eine sogenannte Rangordnung. Das hat man dann einfach auf das Zusammenleben zwischen Mensch und Hund übertragen. Dabei wurde leider nicht berücksichtigt, dass die beobachteten Gruppen meist aus verschieden alten und nicht miteinander verwandten Tieren zusammengewürfelt waren. Die mussten auf verhältnismäßig engem Raum zusammenleben und sich im wahrsten Sinn des Wortes erst einmal zusammenraufen. Die starken Tiere hatten dabei selbstverständlich nur Interesse an ihrem eigenen Wohlergehen. Der Schwächste, der sich am wenigsten durchsetzen, das Gehege aber auch nicht verlassen konnte, wurde zum wohlbekannten Omegatier.
In Freiheit leben Wölfe aber in einem Familienverband. Hier haben die starken Tiere Interesse am Wohlergehen der anderen, weil es sich um die eigenen Welpen handelt, oder um jüngere Geschwister. Der richtige Umgang miteinander wird von Anfang an tagtäglich geübt und nicht mit körperlicher Gewalt erzwungen.

Mensch-Hund-Beziehung

Das Zusammenleben zwischen Mensch und Hund entspricht eher einem Familienverband: Der Mensch hat sehr wohl Interesse am Wohlergehen seines Hundes und befindet sich keinesfalls in einer Konkurrenzsituation mit ihm. Im Gegenteil, er hat jederzeit Zugang zu allem, was für den Hund lebenswichtig ist, und versorgt ihn mit Futter, Spielsachen oder Schmuseeinheiten. Kompliziert wird die Situation, weil wichtige Grundlagen für das spätere Verhalten gegenüber Sozialpartnern und der Umwelt schon in den ersten Lebenswochen gelegt werden. Die verbringen die Welpen aber mit ihrer Mutter, ihren Geschwistern und der Züchterfamilie. Wenn der Welpe in seine neue Familie kommt, helfen ihm seine bisherigen Erfahrungen dabei, sich in seiner neuen Umgebung zurechtzufinden, wenn sein Leben beim Züchter ähnlich war. Trotzdem ist alles fremd – vor allem seine neuen Menschen. Die muss er in den nächsten Wochen erst einmal kennenlernen und Vertrauen zu ihnen fassen.

Geduld beim Lernen

Außerdem muss er in den nächsten Monaten all das lernen, was im Zusammenleben mit Menschen unerlässlich ist, vor allem Stubenreinheit. Alles muss im täglichen Leben regelmäßig ganz

Familie Das Zusammenleben von Wölfen in Freiheit beruht auf Kommunikation und Zärtlichkeit, nicht Gewalt.

liebevoll und geduldig geübt werden, bis sich Gewohnheiten beziehungsweise Rituale entwickelt haben. Das alles dauert natürlich auch seine Zeit.
Wenn der Welpe Fehler macht, zeigt das nur, dass noch mehr geübt werden muss. Überlegen Sie, ob er auch verstanden hat, was Sie von ihm wollen. Ausschimpfen oder Strafen wie Schnauzengriff oder Schütteln am Nackenfell verbessern das Verhalten nicht, sondern belasten die Beziehung. Das richtige Verhalten von Hunden in der Familie beruht auf Vertrauen und täglichem Üben, nicht auf körperlicher Gewalt und dem Durchsetzungsvermögen des Hundehalters.

REGELN DES ZUSAMMENLEBENS

- Kämmen und bürsten Sie Ihren Hund täglich, auch wenn es nicht unbedingt erforderlich ist.
- Beenden Sie Spiele, bevor es ihm langweilig wird.
- Beenden Sie sofort das Spiel, wenn Ihr Welpe dabei beißt.
- Lassen Sie ihn jedes Mal, bevor etwas Schönes für ihn passiert, eine kleine Gegenleistung erbringen, z. B. „Sitz", ehe er aus dem Auto aussteigen darf oder bevor er gestreichelt wird.
- Seien Sie nicht frei für Ihren Hund verfügbar. Machen Sie sich auch einmal rar.

Welpen-Dolmetscher: So verstehen Sie Ihren Hund

Ich seh dich genau!

Hunde kommunizieren hauptsächlich über Körpersprache und Mimik. Beobachten Sie Ihren Welpen genau, dann werden Sie immer besser verstehen, wie es ihm im Moment zumute ist. Ihr Hund beobachtet Sie auf jeden Fall ganz genau und kann bald sehr gut erkennen, wie Sie sich fühlen.

1 Komm, spiel mit mir!

Vorderkörpertiefstellung und das erhobene Hinterteil heißen meist: „Spiel mit mir!" Stupsen mit der Vorderpfote ist auch eine Aufforderung. Gehen Sie nicht immer darauf ein. Fordern Sie Ihren Welpen lieber öfter mal zu einem Spiel auf, wenn Sie selbst Lust dazu haben.

2 Wo seid ihr?

Wolfsgeheul dient dem Zusammenhalt der Gruppe. Fühlt sich Ihr kleiner Kerl verlassen und einsam, kann auch er diese Töne ausstoßen. Da Welpen den Schutz der Familie benötigen, sollten Sie ihn noch nicht zu lange allein und ihn auch nachts in Ihrer Nähe schlafen lassen.

Was soll ich tun? 3

Kratzen, über die Nase lecken und Gähnen sind sogenannte Übersprungshandlungen. Sie werden häufig bei Überforderung und Stress gezeigt. Nehmen Sie Ihren Welpen aus dieser Situation heraus und machen Sie, wenn Sie gerade beim Üben sind, eine Pause oder sogar ganz Schluss.

Bitte tu mir nichts! 4

Am Boden schnüffeln bedeutet nicht immer, dass da was Tolles zu riechen ist. Dieser Welpe signalisiert, dass er eine Konfrontation vermeiden möchte. Manche Hunde zeigen dieses Verhalten, wenn sie schnell kommen sollen und man schon etwas verärgert ist.

Oh, ist das schön! 5

Auf-dem-Rücken-Liegen bedeutet absolute Hilflosigkeit. Dieser Welpe lässt sich völlig entspannt seinen Bauch kraulen. Er hat ganz offensichtlich Vertrauen zu seinem Menschen und beide genießen die Situation. Dieses Vertrauen muss langsam aufgebaut werden.

Spitze Zähne wie ein Hai
Beißhemmung

Hosenkneifer Herumzupfen und Reinbeißen ist normal. Ruppig reagieren hilft nicht.

Zärtlichkeiten Sanftes Knabbern ist ok. Bei Grobheit endet das Spiel sofort.

Die Regeln im Zusammenleben werden bei Wölfen immer wieder im täglichen Umgang miteinander gefestigt. Dazu gehört Spielen ebenso wie Streiten. Da aber ernsthafte Verletzungen einzelner Gruppenmitglieder für das Überleben der gesamten Gruppe von Nachteil wären, müssen Wölfe die Kraft und Gefährlichkeit ihres Gebisses gut einschätzen, kontrollieren und richtig dosieren können. Früher hielt man diese Fähigkeit, die sogenannte Beißhemmung, für angeboren. Heute hingegen wissen wir, dass sie rechtzeitig erlernt werden muss, bevor der Zahnwechsel vollzogen ist.

Kein Spiel für Grobiane

Sobald junge Wölfe aktiv werden, balgen sie mit ihren Geschwistern herum und fangen an, ihre Mutter und andere erwachsene Tiere zu belästigen und an Schwänzen und Ohren zu ziehen. Zu Beginn dulden die Erwachsenen das auch, aber sobald die Welpen etwas größer sind, werden sie deutlich in ihre Schranken gewiesen. Auch Geschwister brechen ein Spiel unter Wehgeschrei ab oder wehren sich, wenn einer zu fest zukneift. All das sind Erfahrungen, die den Grobian lehren, seine Zähne dosiert und vorsichtig einzusetzen. Auch Hundewelpen müssen erst lernen, mit ihren Zähnen vorsichtig umzugehen. Bei einem

Welpen, der ab acht Wochen in einer Menschenfamilie lebt, müssen die neuen Familienmitglieder diesen noch nicht abgeschlossenen Lernprozess weiterführen, damit der kleine Hund eine Beißhemmung entwickeln kann. Der Welpe muss lernen, dass Menschen kein Fell besitzen und man deshalb seine Zähnchen sogar noch behutsamer einsetzen muss als bei den felligen Geschwistern.

Ausgeben Welpen lernen schnell, für ein Häppchen etwas auszutauschen.

Beißhemmung fördern

Fürchten Sie sich nicht vor den spitzen Milchzähnen. Im Gegenteil: Sanfte Berührungen mit der Hand am und sogar im Maul lehren ihn, ebenfalls sanft mit Ihrer Hand umzugehen. So gehen Sie beim Üben vor: Schreien Sie jedes Mal laut auf, wenn er seine Zähne zu grob einsetzt. Egal, ob er dabei in Ihre Haut oder in ein Kleidungsstück beißt. Er muss lernen, mit Menschen immer vorsichtig zu sein. Er darf nicht die Botschaft bekommen: Haut – Zähne dürfen nicht dran; Jackenärmel – da darf man fester beißen. Vielleicht erwischt er doch einmal Ihre Haut unter dem Stoff, und das könnte für Sie dann höchst unangenehm werden. Ziehen Sie bei diesen Übungen Ihre Hand keinesfalls weg. Das löst automatisch Nachschnappen aus.
Wird Ihr Welpe beim Spielen ruppig und kneift Sie, brechen Sie mit einem Aufschrei das Spiel ab. Erst nach einer kurzen Pause wird weitergespielt. Dabei sollte die Aufforderung dazu unbedingt von Ihnen ausgehen. Wenn Sie und alle anderen Familienmitglieder so vorgehen, wird der Welpe seine Zähne mit der Zeit immer vorsichtiger einsetzen. Es ist beeindruckend, wie schnell die meisten Hunde lernen, ihr Gebiss ganz sanft einzusetzen. Bitte reagieren Sie nicht ruppig, wenn der Welpe zu grob wird. Das führt erfahrungsgemäß meist nicht dazu, dass der Welpe sanfter wird, sondern bewirkt das Gegenteil. Aber auch, wenn Ihr Hund etwas länger braucht: Haben Sie Geduld und üben Sie weiter.

DER WELPE MUSS LERNEN, DASS

- Zähne im Spiel nicht eingesetzt werden dürfen.
- das Spiel sofort abgebrochen wird, wenn er zu fest beißt.

Kein Grusel vor dem Tierarzt

Der erste Tierarztbesuch kann die nachfolgenden zu einem Vergnügen für Ihren Hund machen – oder zu einem Albtraum für alle Beteiligten, der mit jedem weiteren Besuch schlimmer wird. Sie selbst haben darauf großen Einfluss. Warten Sie bitte nicht erst, bis mit Ihrem Hund etwas nicht stimmt. Machen Sie Ihren ersten Tierarztbesuch so früh wie möglich nach dem Kauf Ihres kleinen Hundes. Die erste Untersuchung sollte möglichst keine schmerzhafte Angelegenheit werden. Also lassen Sie die unumgängliche Impfung am besten erst beim zweiten Besuch machen.

Gute Erfahrungen

Lassen Sie Ihren Welpen gerade beim ersten Mal die Erfahrung machen: Auf dem Tisch ist es schön! Das geht ganz leicht: Nehmen Sie ganz besonders gute Leckerchen mit, heben Sie Ihren Welpen auf den Untersuchungstisch und lassen Sie ihn davon fressen. Ohne dass etwas Weiteres passiert, darf er wieder runter. Dann noch mal hinauf und Leckerchen fressen, während der Tierarzt ihn durchcheckt. Das fördert eine vergnügte und entspannte Beziehung zwischen Hund und Tierarzt.
Reagieren Sie auf ängstliches und aufgeregtes Verhalten nicht mit Beruhigungsversuchen: Das kann wie eine Belohnung wirken und dieses Verhalten noch verstärken. Lassen Sie Ihren Kleinen jetzt noch keinen Kontakt mit anderen Hunden im Wartezimmer aufnehmen. Manche sind da, weil sie krank sind. Es könnte Ansteckungsgefahr bestehen.

006 **Tierarzt** Im Film wird noch einmal gezeigt, wie man den Besuch beim Tierarzt für Welpen gestaltet.

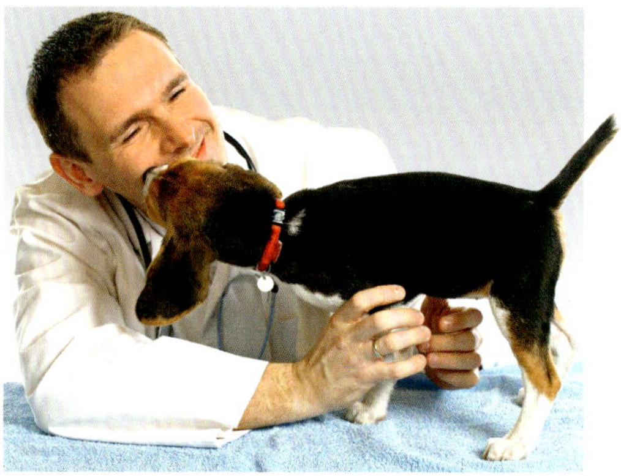

Gute Freunde Von Anfang an eine gute und liebevolle Beziehung – das vermindert Stress in der Zukunft.

Impfschutz

Für einen frühzeitigen Tierarztbesuch gibt es gute Gründe. Es ist wichtig, möglichst früh zu klären, ob Ihr neuer Welpe auch wirklich gesund ist, wie gut Ihr Welpe gegen ansteckende Krankheiten geschützt ist und welche Impfungen sinnvoll sind.

Eine Hündin, die geimpft ist, gibt nach der Geburt über die Muttermilch Schutzstoffe an ihre Welpen weiter. Diese sogenannten Antikörper werden im Lauf der ersten Lebenswochen abgebaut. Die Geschwindigkeit, mit der das passiert, ist von verschiedenen Faktoren abhängig und von Welpe zu Welpe individuell verschieden. Das Abklingen des Immunschutzes ist leider nicht sichtbar, und so fällt es schwer, den am besten geeigneten Zeitpunkt für die Impfung zu bestimmen. Macht man die Impfung zu früh, so wird sie von noch vorhandenen Antikörpern teilweise neutralisiert. Dann wird kein oder nur ein ungenügender Impfschutz ausgebildet: die Impfung schützt nicht richtig. Erfolgt die Impfung zu spät, läuft der betreffende Hund in der Zwischenzeit ohne Schutz herum und ist gefährdet. Aus diesem Grund sind Wiederholungsimpfungen erforderlich.

Ähnlich wie im Kindergarten, besteht natürlich in einer Welpengruppe eine erhöhte Infektionsgefahr für Krankheiten. Andererseits wissen wir mit Sicherheit: Ein Welpe braucht während der Sozialisationsphase ausreichenden und geeigneten Kontakt mit Artgenossen, damit sich sein Gehirn angemessen entwickeln kann. Nur dann kann er später mit anderen Hunden richtig umgehen. Zu wenig geeigneter Kontakt mit anderen Hunden während der Sozialisationsphase führt zwangsläufig zu Verhaltensauffälligkeiten. Man muss also entscheiden: Was wiegt schwerer – die Möglichkeit einer Infektion oder die Gewissheit einer unzureichenden Sozialisierung und damit verbundene Verhaltensprobleme? Mir selbst wäre eine gute Sozialisierung wichtiger.

Wohlfühlen Einfach ruhig auf dem Tisch stehen – das geht nur, weil er sich hier wohlfühlt.

IMPFTERMINE

Zur Grundimmunisierung sollten zwei, nach neuesten Erkenntnissen sogar drei Impfungen im Abstand von mindestens vier Wochen erfolgen. Impfungen vor der 12. Lebenswoche bieten grundsätzlich nicht genügend Schutz.

WIE HUNDE

Lernen

Mit Freude lernen

S. 42

Aufmerksamkeit

Ihr Welpe ist wissbegierig und möchte viel lernen. Nutzen Sie diese Aufmerksamkeit und lehren Sie ihn gezielt seinen Namen: Sprechen Sie seinen Namen deutlich aus und geben Sie dann sofort ein Leckerchen.

S. 44

Spannende Ausflüge

In den ersten Wochen wird Ihnen der kleine Kerl noch freudig überallhin folgen. Doch bald lässt diese Folgebereitschaft nach und andere Hunde oder wohlriechende Düfte werden interessanter. Damit sich Ihr Welpe nicht ohne Sie vergnügt, können Sie immer wieder spannende Spiele, Entdeckungsreisen und kleine Übungen in den Spaziergang mit aufnehmen.

- Verstecken Sie sich hinter einem Baum und rufen Sie Ihren Welpen zu sich.
- Balancieren Sie mit ihm zusammen über einen Baumstamm oder durchqueren Sie einen Bachlauf.
- Legen Sie eine Leckerchenfährte und lassen Sie ihn die Häppchen suchen.
- Rufen Sie Ihren Welpen immer wieder zu sich her, belohnen Sie ihn und lassen Sie ihn dann wieder laufen.
- Auch kurze Sitz- und Platzübungen machen den Ausflug interessant.

S. 46

Modernes Training

Welpen bzw. Hunde lernen unter positiven und entspannten Bedingungen viel leichter als unter Stress. Sie wollen uns verstehen und mitarbeiten und wir müssen ihnen zeigen, was wir von ihnen wollen. Das geht am einfachsten, indem wir richtiges Verhalten bestärken. Unser Welpe bietet uns häufig von alleine positive Verhaltensweisen an, wir müssen nur darauf achten und sie punktgenau belohnen.

S. 48

Belohnung

Wenn Futter korrekt eingesetzt wird, hat es nichts mit Bestechung zu tun. Mit Futter kann man präzise belohnen und, wenn ein Häppchen geschluckt ist, zügig weiterarbeiten.
Damit Lobworte, z. B. „Prima" oder auch ein Clicker richtig funktionieren, müssen sie ordentlich aufgebaut werden. Dann kann man gewünschte Verhaltensweisen auch aus der Entfernung belohnen.

S. 49

Mehr Erfolg ohne Zwang

Zug am Halsband löst ganz automatisch Gegenzug aus. Das macht es für den Welpen schwerer, ihnen freudig an der lockeren Leine zu folgen. Besser: Geben Sie ihm immer wieder ein Leckerchen, wenn er sich in Ihrer Nähe befindet und die Leine locker ist. So lernt er mit der Zeit, gern in der gewünschten Position zu laufen. Ein guter Anfang für das Signal „Fuss".

Die Lust am Lernen

Neues hat jeder schon irgendwann einmal gelernt und weiß daher aus eigener Erfahrung, dass man am besten lernen kann,
— wenn man Lust dazu hat,
— wenn man nicht übermäßig aufgeregt ist,
— in einer Umgebung, in der man sich wohlfühlt, wo man nicht gestört und unterbrochen wird,
— ohne Stress oder Angst.

Das gilt im Prinzip ebenfalls für Welpen und auch für erwachsene Hunde. Achtet man im Training auf diese Punkte, kann dadurch Lernen gezielt erleichtert und gefördert werden. Zusätzlich wird die Leistungsbereitschaft und Leistungsfähigkeit von Hunden erhöht.

Futterbelohnung

Futter bietet sich an, weil es biologisch begründet ist, sich um Futter zu bemühen. Auch wir Menschen arbeiten für unseren Lebensunterhalt. Mit Lobworten allein wäre keiner von uns auf Dauer zu begeistern.

007 **Lernen** Im Film geht Frau Dr. Jones nochmals darauf ein, wie Lernen funktioniert.

Aufregung

Versuche haben gezeigt, dass Erregung/Aufregung die Konzentration beeinträchtigen, unabhängig davon, ob die Ursache dafür positiv oder negativ ist. So können z. B. Futterhäppchen, die besonders attraktiv sind, die Konzentrations- und damit die Lernfähigkeit vermindern, vor lauter Freude, wann es endlich die tolle Belohnung gibt.

Umgebung Ein Welpe lernt Neues am besten in einer ruhigen Umgebung ohne Ablenkung.

Vertrauen Vertrauensvoll richtet der Welpe seine Aufmerksamkeit auf seinen Menschen: Ein perfekter Moment zum Üben.

Ruhige Umgebung

Ein Ort, an dem die meisten Hunde und ihre Halter entspannt sind und sich wohlfühlen, ist die eigene Wohnung und der eigene Garten. Dort kann man ungestört in aller Ruhe und ohne Ablenkungen die Grundlagen für gewünschte Verhaltensweisen einüben.

WIEDERHOLUNG UND ORTSWECHSEL

Von Anfang an muss täglich geübt werden. Jeder weiß, wie lange es dauert bis man eine Sportart, ein Musikinstrument, eine Fremdsprache oder z. B. Autofahren wirklich beherrscht. Zudem können Hunde leider nicht gut verallgemeinern. Daher machen viele Hunde auf dem Hundeplatz, wo geübt worden ist, alles gut, aber woanders nicht. Dazu muss das gewünschte Verhalten auch an anderen Orten oft genug geübt werden.

Stress und Angst

Bei Stress und Angst werden im Gehirn die Botenstoffe Adrenalin und Noradrenalin freigesetzt. Sie bewirken, dass neue Informationen nicht im Langzeitgedächtnis abgespeichert und schon Erlerntes nicht abgerufen werden kann. Wer Prüfungsangst hat, kennt das. Auslöser für Angst und Stress im Training sind u. a. Überforderung und Strafen. Leinenruck, Schimpfen, Anschreien oder einfach nur grobes Verhalten dem Welpen gegenüber schaden daher der Lernfähigkeit und gleichzeitig auch der Beziehung zwischen Mensch und Hund. Zu Überforderung führt häufig, dass Welpen, aber auch viele erwachsene Hunde, mit denen noch nicht viel trainiert worden ist, sich zunächst nur kurz, manchmal nur wenige Minuten lang, konzentrieren können. Kurze, über den Tag verteilte Übungseinheiten sind daher besser als eine halbe oder gar eine ganze Stunde.

Erfolgreiches Lernen durch Aufmerksamkeit

Ein Hund kann nur das ausführen und befolgen, was man ihm vorher beigebracht hat. Die Voraussetzungen für erfolgreiches Lernen sind Bindung und Aufmerksamkeit.
Zu Beginn haben Welpen eine sehr enge Bindung an die Mutter. Als Schutz, Wärme- und Nahrungsquelle ist sie äußerst wichtig. Diese enge Bindung überträgt ein Welpe zunächst auf den oder die Menschen, zu denen er kommt. Solange Ihr Hund noch sehr jung ist, klebt er daher wahrscheinlich an Ihnen wie eine Klette.

Bindung verstärken

Je älter ein Welpe wird, desto lockerer wird die Bindung an Sie. Spätestens in der Pubertät sind dann in der Natur andere Dinge wichtiger. Doch wenn Sie sein Verhalten auch draußen beeinflussen wollen, muss er auch dort auf Sie achten. Deshalb sollten Sie seiner Loslösung von Ihnen, die mit dem Erwachsenwerden verbunden ist, aktiv entgegenwirken. Fördern und pflegen Sie die Bindung, indem Sie Ihren Hund häufig aus der Hand füttern (siehe S. 10).

Durstlöscher Wer früh Wasser-aus-der-Hand-Trinken übt, braucht keinen Wassernapf mitzuschleppen.

Bindung Zärtlichkeiten zwischen Mensch und Hund – am besten auf einer Ebene miteinander.

Geben Sie ihm also deshalb mehrmals täglich einige Bissen seines Futters direkt aus der Hand, und zwar für eine kleine Gegenleistung, z. B. dafür, dass er sich ruhig vor Sie hinsetzt. Das verstärkt die Bindung an Sie, und Ihre Hände werden positiv belegt. Ihr Hund achtet auf Ihre Handbewegungen und lernt, Ihnen zu vertrauen, selbst wenn Ihre Hände einmal hastig auf seinen Kopf zukommen. Außerdem wird für ihn deutlich, dass das Futter fast immer direkt von Ihnen kommt.

SUPERBELOHNUNG

Beschäftigen Sie sich auf Spaziergängen häufig mit Ihrem Welpen, bleiben Sie im Mittelpunkt seiner Aufmerksamkeit. Bei kleinen Übungen ist die wirksamste und damit beste Belohnung, wenn er das tun oder haben darf, was er in diesem Moment am liebsten tun oder haben möchte. Benutzen Sie als Belohnung auch Futter oder ein geliebtes Spielzeug.

Stellen Sie ihm nicht einfach einen vollen Napf hin. Futter sollte auch keinesfalls den ganzen Tag über frei zugänglich sein.
Arbeiten Sie von Anfang an gezielt an der Bindung. Lassen Sie Ihren Welpen deutlich merken, dass alles in seinem Leben von Ihnen abhängig ist und nur mit Ihrer Zustimmung passiert. Überlassen Sie Ihren Hund also beim Spazierengehen nie zu lange sich selbst (siehe S. 44). Sonst saugt er alle Düfte der Welt ein, hat allein seinen Spaß und sucht sich draußen sein Vergnügen immer öfter ohne Sie.

Aufmerksamkeit

Machen Sie für Ihren Hund von Anfang an den Unterschied zwischen seinem Namen und der Aufforderung „Komm" deutlich. „Komm" ist eine klare Aufforderung: „Wo immer du bist, komm jetzt schnell zu mir!" Sein Name bedeutet: „Du bist gemeint. Achte auf mich und pass auf. Es lohnt sich." Üben Sie zu Beginn nur, dass er auf seinen Namen freudig und zuverlässig reagiert. Sprechen Sie den Namen einmal deutlich aus und geben Ihrem Hund sofort einen kleinen Leckerbissen. So ist schnell für ihn klar: Dieses Wort kündigt etwas Gutes an. Sie können auch, wenn er in Ihrer Nähe ist, seinen Namen freundlich aussprechen. Reagiert er, streicheln Sie ihn kurz. Aber bitte nicht andauernd streicheln, sondern nur kurz im Zusammenhang mit der erfolgten Reaktion. Ein Leckerchen unterstreicht die positive Bedeutung zusätzlich.

008

Name lernen Im Film wird noch einmal gezeigt, wie man Hunde am besten an ihren Namen gewöhnt.

Ab in die Natur Spaziergänge gestalten

❶ Auf der richtigen Spur

Die Welt der Gerüche ist überwältigend. Bieten Sie beim Spaziergang attraktive Alternativen. Bei einer Leckerchenfährte oder beim Suchen eines versteckten Gegenstands kann ihr Welpe seine Nase gezielt einsetzen und Sie beugen unkontolliertem Stöbern vor.

❷ Schau mir in die Augen

Hunde empfinden, ebenso wie Menschen, Angestarrtwerden als bedrohlich. Gewöhnen Sie also schon Ihren Welpen an längeren Blickkontakt. Loben und belohnen Sie ihn daher, wenn er von sich aus Blickkontakt mit Ihnen aufnimmt. Augenkontakt sollte positiv sein.

Die tollsten Spiele ... ❸

... sind die mit meinem Menschen. Sie sollten der Mittelpunkt im Leben Ihres Welpen sein. Machen Sie sich interessant, spielen Sie mit ihm und zeigen Sie ihm, dass es nichts Schöneres gibt, als zusammen mit Ihnen etwas zu unternehmen.

Da bist du ja! ❹

Die meisten Welpen haben am Anfang eine natürliche Folgebereitschaft. Nutzen und fördern Sie das, z. B. durch Verstecken beim Spaziergang. Findet er Sie nicht sofort, dürfen Sie ihn vorsichtig auf sich aufmerksam machen. Zeigen Sie deutlich, wie sehr Sie sich freuen, wenn er Sie gefunden hat.

Hallo Kumpel! ❺

Kontakt und Spielen mit anderen Hunden fördern die Geschicklichkeit und die Kommunikationsfähigkeit mit anderen Hunden. Lassen Sie Ihren Welpen viel mit gleichaltrigen und auch älteren, „netten" Hunden spielen. Wichtig dabei ist: Die Erfahrungen mit anderen Hunden sollen angenehm und gut sein.

Auf unterschiedlichen Wegen zum Ziel

Das Hinsetzen kann ein Welpe auf verschiedene Weisen lernen:

1. Die Leine wird nach hinten/oben gezogen, das Halsband strafft sich unter dem Kinn, der Kopf wird dadurch nach hinten gedrückt. Der Welpe setzt sich, weil er so den unangenehmen Zug am Hals beenden kann.
2. Man hält ein Belohnungshäppchen vor die Nase des Hundes und führt die Hand nach oben/hinten. Der Hund folgt der Hand mit seiner Nase und legt dabei den Kopf immer weiter in den Nacken. Schließlich setzt er sich auf seinen Po, weil das anatomisch einfach bequemer ist. In diesem Moment bekommt er das Häppchen.

Jeder der Welpen hat etwas bekommen, das sich für ihn gut angefühlt hat: Welpe 1 wird nicht mehr am Hals gezogen und kann wieder freier atmen, Welpe 2 bekommt ein Belohnungshäppchen. Beide Welpen haben die Erfahrung gemacht: Das Hinsetzen hat Vorteile gebracht und sich daher gelohnt. Das Resultat – „der Welpe sitzt" – ist letzten Endes dasselbe.
Aber es gibt einen wichtigen Unterschied: Welpe 2 hatte beim Üben Spaß. Das Lernen und die Zusammenarbeit mit seinem Menschen war mit Vergnügen verbunden. Das ist gut für das Lernen und gut für die Beziehung zwischen Hund und Halter. Vergessen Sie nicht: Liebe geht durch den Magen – auch die Liebe zum Training.

Platz Der Welpe zeigt deutliches Interesse am Futterhäppchen in der Hand: Er würde gern daran lecken.

Seite Wenn nötig, darf er das anfangs auch. Der Schwanz zeigt: Er will sich noch nicht ganz umfallen lassen.

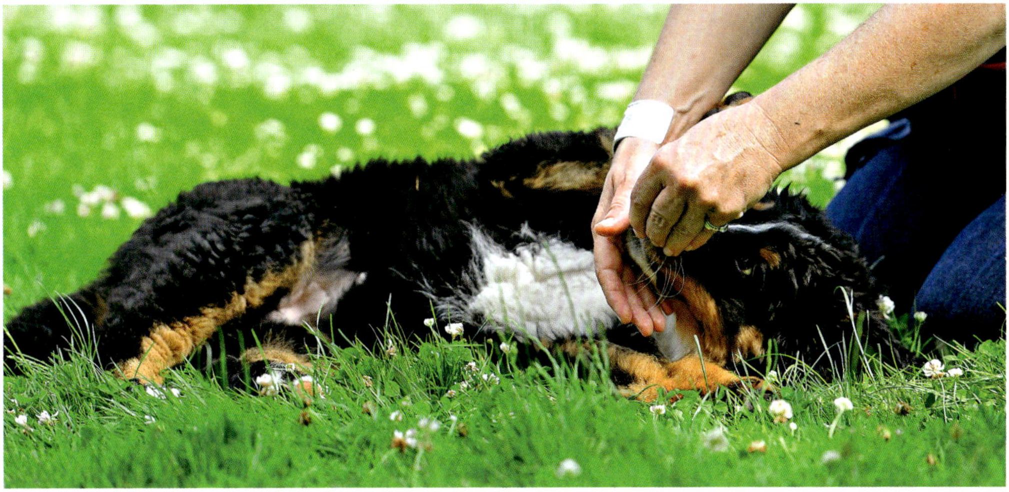

Geschafft In der Seitenlage ist man völlig ausgeliefert – entspannt geht das nur, wenn man sich wirklich sicher fühlt.

Moderne Trainingsmethoden

Sie machen Training attraktiv, unterhaltsam und vermindern Stress. Das verbessert die Leistung. Bei Meeressäugern wie Walen und Delfinen, aber auch bei Vögeln im Freiflug wird Futter erfolgreich eingesetzt. Auch der Löwennachwuchs im Zirkus Krone wird mit Futter trainiert. Warum also nicht auch Hunde?

Dabei sind bestimmte Regeln wichtig:

- Ganz am Anfang ist es erlaubt, den Welpen in die richtige Position zu locken/führen – wie oben für „Sitz“ beschrieben. Der Welpe lernt so sehr schnell, der Handbewegung in die gewünschte Position zu folgen.
- Für den Hund ist nur dann klar, welches Verhalten genau belohnt wird, wenn er das Häppchen während oder spätestens innerhalb einer Sekunde nach dem erwünschten Verhalten erhält.
- Die Belohnung muss im richtigen Augenblick erfolgen, sonst kann der Hund den Zusammenhang zwischen Belohnung und Verhalten nicht erkennen.
- Jedes Häppchen kann durchdacht und punktgenau gegeben werden. Für den Hund wird schnell klar, was genau die erwünschte Handlung ist. Bei Welpen nimmt man am besten das normale, gewohnte Futter.
- Wenn der Hund etwas Neues lernen soll, wird er zunächst jedes Mal belohnt, wenn er es richtig macht.
- Ein schon gelerntes Verhalten in einer völlig anderen Situation, einer ungewohnten Umgebung oder mit ganz neuen Ablenkungen gilt auch als „neu“.

Je genauer diese Regeln befolgt werden, desto schneller lernt der Hund. Aber bis ein gewünschtes Verhalten überall zuverlässig auf Abruf funktioniert, muss es ausreichend oft unter den verschiedensten Umständen geübt werden: je nach Verhalten 2000 – 6000 Mal.

DER SCHLÜSSEL ZUM ERFOLG

Eine Übungseinheit sollte mit Erfolg enden. Wenn man vor Ehrgeiz ein bisschen zu viel macht und dann etwas nicht klappt, sind Hund und Mensch frustriert. Kurze Übungseinheiten mehrmals am Tag sind der Schlüssel zum Erfolg. Überfordern Sie Ihren jungen Hund nicht. Anzeichen für Überforderung und Stress sind Gähnen, Kratzen oder auch Schütteln.

Lust beim Lernen mit Belohnung

Gute Erfahrungen möchte jeder gern wiederholen, unangenehme Erlebnisse dagegen in Zukunft möglichst vermeiden. Das dient dem Überleben, und dazu ist Lernen nötig. Die Fähigkeit zu lernen ist angeboren. Sie beruht auf der Funktion von Nervenzellen, Gehirn und Sinnesorganen, also auf biologischen Grundlagen. Biologische Vorgänge laufen grundsätzlich nach bestimmten Regeln ab. Unsere Lunge kann z. B. Sauerstoff nur in einer ganz bestimmten Form und Konzentration verwenden. Sauerstoff aus dem Wasser kann sie nicht aufnehmen.

Wissbegierig Die Lust zu lernen ist Hunden wie Menschen angeboren. Die Körpersprache zeigt: Er möchte etwas tun.

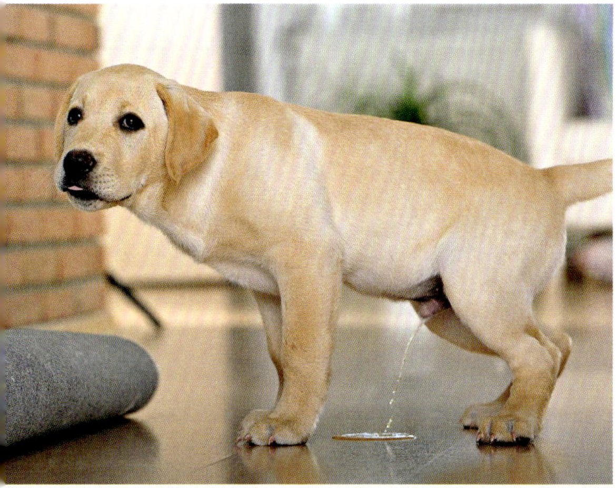

Nicht schimpfen Eine Pfütze am falschen Platz ist nicht der Fehler des Welpen: Da hat jemand nicht aufgepasst.

Auch Lernen findet nur unter bestimmten Bedingungen statt und folgt bestimmten Regeln. Wenn man das bei der Hundeerziehung beachtet, wird das Training für alle Beteiligten stressfreier und vergnügter.

Verstärkung

Ein Grundprinzip des Lernens ist die Verstärkung: Ein Verhalten wird stärker, wenn es eine angenehme Erfahrung, eine Belohnung bewirkt. Fachleute für Lernen und Gehirnfunktion unterscheiden zwischen positiver und negativer Verstärkung.

1. **Positive Verstärkung** Etwas Gutes passiert.
   — Futter
   — Gegenstand, z. B. Spielzeug
   — Eine gewünschte Aktivität: Spaziergang, Spiel, Streicheln, Loben
   Die beste, d. h. die wirksamste Belohnung wäre, was der Hund in diesem Moment am liebsten haben oder tun möchte.
2. **Negative Verstärkung** Etwas Unangenehmes hört auf. Auch das wirkt als Belohnung, wie z. B. der Dauerton, der aufhört, wenn man sich im Auto anschnallt. Schimpfen wirkt als negative Verstärkung, wenn es gleichzeitig mit dem unerwünschten Verhalten beginnt und aufhört. Im normalen Leben schimpft aber niemand so perfekt. Daher bricht Schimpfen zwar häufig das unerwünschte Verhalten ab, verbessert es aber nicht auf Dauer. Im ungünstigsten Fall wird das Verhalten verstärkt, weil das Schimpfen als Zuwendung empfunden wird, oder die Beziehung zwischen Hund und Halter belastet.

Strafe

Ein Verhalten wird geschwächt, wenn im richtigen Moment eine Strafe erfolgt. Auch hier unterscheidet man zwischen negativer und positiver Strafe:

1. **Negative Strafe** Etwas Gutes wird weggenommen, z. B. ein Belohnungshäppchen wird nicht gegeben.
2. **Positive Strafe** Etwas Unangenehmes wird zugefügt, z. B. ein Leinenruck. Dabei besteht erfahrungsgemäß ein hohes Risiko von unerwünschten Nebenwirkungen, u. a. von Angst und Stress.

Hunde führen erwünschtes Verhalten vor allem dann nicht zuverlässig aus, wenn es mit ihnen noch nicht ausreichend oft geübt worden ist. Auch gesundheitliche Probleme können ein Grund dafür sein. Aber niemand, der etwas nicht richtig macht, weil man es mit ihm noch nicht oft genug geübt hat oder weil er es aus gesundheitlichen Gründen nicht kann, hat verdient, dass man ihm dafür noch etwas Unangenehmes zufügt. Bevor man also überhaupt über den Einsatz von positiven Strafen nachdenkt, sollte man wirklich genau überprüfen, warum der Hund Fehler macht. Als hundefreundlichste Trainingsmethode hat sich daher besonders bei Welpen die Kombination von positiver Verstärkung und negativer Strafe bewährt: Zuckerbrot oder keines statt Zuckerbrot und Peitsche.

Nicht bestechen, sondern belohnen

Bei den hier beschriebenen Übungen wird zu Beginn immer das Leckerchen in der Hand gehalten und der Welpe damit in die entsprechende Position geführt. Sobald er dann der Hand jedes Mal zuverlässig und zügig in die gewünschte Position folgt, nehmen Sie die Belohnung in die andere Hand. Sie machen die gewohnte Handbewegung mit der leeren Hand, der Hund folgt dieser in die gewünschte Position und erhält sofort aus der anderen Hand, genauso schnell, die Belohnung. Er wird jetzt nicht mehr gelockt, sondern macht die Erfahrung, dass es sich auch lohnt, der leeren Hand zu folgen. Das ist der erste Schritt, um zu vermeiden, dass aus dem Lockmittel eine Bestechung wird.
Sobald das gut klappt, geht man einen Schritt weiter: Jetzt verlangt man mehr Leistung für eine Belohnung. Das kann eine noch bessere Ausführung des Verhaltens sein oder zwei oder drei Übungen hintereinander, bevor die Belohnung kommt, z. B. zwei- oder dreimal hinsetzen. So wird nach und nach die Futterbelohnung ausgeschlichen. Dabei sollte man jedoch nicht zu schnell vorgehen, das könnte den Hund entmutigen. Wenn man es richtig macht, wirkt es wie Lotto und spornt den Hund an: Mal gewinnt man, mal nicht.

DER GROSSE UNTERSCHIED

Bestechung: Ihr Hund folgt Ihrer Aufforderung nur, wenn Sie ihm zeigen, was er dafür bekommt.
Belohnung: Ihr Hund folgt Ihrer Aufforderung, aus Erfahrung, dass es sich für ihn lohnen könnte.

Lockmittel Der Welpe folgt dem Leckerchen in der Hand.

Belohnung Diese gibt es, sobald er in der Platzposition ist.

Hilfestellung Manche Welpen gehen leichter ins Platz, wenn sie am Anfang die ganze Zeit ein bisschen fressen dürfen.

Abwechslung

Der Lernprozess wird erleichtert, wenn am Anfang immer an einem bestimmten Platz geübt wird, z. B. zu Hause oder im Garten, und am besten in Ruhe, ohne Störung oder Ablenkung. Aber ein Hund, der alles perfekt in Ihrem Garten macht, tut das in Nachbars Garten noch lange nicht, und noch weniger im Park. Sobald Ihr Hund also das gewünschte Verhalten zufriedenstellend beherrscht, muss auch an anderen Orten und unter anderen Umständen geübt werden. Sonst könnten Sie plötzlich Dr. Jekyll und Mr. Hyde in Hundegestalt gegenüberstehen: zu Hause und ohne Ablenkung der Musterknabe in Person, auf der Straße unkontrollierbar.

Handsignale

Hunde beachten unsere Körpersprache mehr als das, was wir sagen. Wir selbst legen bei der Ausbildung zu viel Wert auf Worte. Hunde lernen schneller, wenn man ihnen zeigt, was man will. Also konzentrieren wir uns am Anfang auf das Zeigen. Handzeichen machen das Ganze für den Hund leichter verständlich. Sie werden sehen, das Training wird einfacher und erfolgreicher.

Macht man am Anfang der Übungen deutliche Handbewegungen, werden diese schließlich automatisch zu Handzeichen, weil der Hund die Bewegung der Hand mit seiner eigenen Körperbewegung und der Belohnung verbindet.

HUNDE RICHTIG

Erziehen

Welpen-Einmaleins

S. 58

Herkommen

Ihr Hund tobt mit anderen Hunden, doch Sie möchten weitergehen. Ein kurzes „Komm“ und schon kommt er angerannt. Davon träumen viele Hundehalter, doch es muss kein Traum bleiben. Üben Sie mit Ihrem Welpen erst in ablenkungsarmer Umgebung, gehen Sie dann auf eine ruhige Wiese bis Sie ihn irgendwann auch aus einer Hundegruppe abrufen können. Doch das bedeutet viel viel üben.

S. 60

Hinsetzen

Das Signal „Sitz“ ist in vielen Situationen hilfreich. Sie können Ihren Welpen vor der Futterschüssel sitzen lassen, am Bürgersteig, bevor Sie eine Straße überqueren, wenn Sie mit jemandem reden möchten oder auch, wenn Sie Ihren Welpen an- oder ableinen. Sie können auch den Blickkontakt im Sitz fördern und immer wieder mit Leckerchen bestärken.

S. 62

S. 68

Fußlaufen

Fußlaufen ist eine der schwersten Übungen für Hundehalter und erfordert viel Konsequenz. Da sich der Welpe noch nicht allzulang konzentrieren kann, man aber z. B. mit ihm auf die nächste Wiese gehen muss, hat sich folgende Praxis bewährt: Er bekommt ein Geschirr und ein Halsband um. Am Geschirr darf er auch einmal ziehen oder am Wegesrand schnuppern, am Halsband wird Fußlaufen geübt. Das heißt, er läuft schön an Ihrer Seite und wird zu Beginn auch für jedes Schrittchen mit einem Leckerchen belohnt. So lernt er schnell, was „Fuß“ bedeutet.

Hinlegen

Damit ein Hund sich hinlegt, wenn man das möchte, und ruhig liegen bleibt, muss viel geübt werden. Der Hund lernt zuerst, sich auf Signal hinzulegen, und erst danach, immer ein bisschen länger liegenzubleiben. Ablenkungen werden erst nach und nach in kleinen Schritten gesteigert. Üben Sie „Platz“ bereits mit Ihrem Welpen – aber überfordern Sie ihn dabei nicht.

So verstehen Hunde Signale

Signale (Kommandos) setzen sich aus einzelnen Lernschritten zusammen, die ein Welpe erst einmal verstehen muss. Ihr Welpe muss lernen:
— zu verstehen, was Sie meinen,
— auszuführen, was Sie möchten,
— das Handzeichen für das Signal,
— dass Sie möchten, dass er es jetzt ausführt,
— das Wort dafür.

Es erleichtert das Ganze, wenn zuerst nur die ersten vier Punkte gelernt werden. Durch das Lockmittel macht der Hund gern mit. Erst wenn er die Körperbewegung zu der entsprechenden Handbewegung beherrscht, wird das Wort hinzugefügt. Auf diese Weise wird das Wort schneller gelernt, als wenn es dauernd während des Übens gesagt wird. Außerdem wird es mit dem fertigen Verhalten verknüpft, nicht mit den noch nicht perfekten Vorstufen.

Wort- und Handsignal

Damit die Verknüpfung mit dem Wort schnell erfolgt, lassen Sie ihn die Übung einige Male hintereinander machen, sodass er sie schon erwartet. Dann erst sprechen Sie das Wort deutlich aus und machen unmittelbar danach, fast gleichzeitig, das passende Handsignal. Bitte üben Sie, wenn es geklappt hat, alles ausreichend oft. Natürlich immer nur wenige Minuten, aber mehrmals am Tag. Denn die Konzentrationsfähigkeit ist noch gering. Ihr Hund sollte vergnügt, munter und ein bisschen hungrig sein. Er ist dann leichter zu motivieren.
Machen Sie sich auch Gedanken über die Worte, die Sie für bestimmte Aufforderungen verwenden möchten. Es ist nur fair, dass es für ein Signal nur ein bestimmtes Wort gibt. Ihr Hund lernt immerhin, eine Fremdsprache zu verstehen.

So klappt die Verständigung

— Belohnen Sie erwünschtes Verhalten, ignorieren Sie unerwünschtes Verhalten.
— Sie können von Ihrem Hund nur Verhalten fordern, das Sie mit ihm vorher ausreichend oft unter den verschiedensten Bedingungen geübt haben.
— Betrachten Sie gutes Benehmen nie als selbstverständlich, sondern pflegen und belohnen Sie es. Das motiviert den Hund, sich weiterhin gut zu benehmen.
— Sorgen Sie für einen fairen Austausch zwischen Mensch und Hund: Ihr Hund macht, was Sie wollen – dafür darf er zur Belohnung etwas haben oder tun.

— Geben Sie ein Signal nur, wenn Ihr Hund aufmerksam ist.
— Wiederholen Sie Aufforderungen und Signale nicht mehrmals hintereinander (also nicht „Sitz“, „Sitz“).
— Geben Sie ein Signal nur, wenn Ihr Hund die gewünschte Handlung voraussichtlich auch ausführen wird. Ist die Wahrscheinlichkeit, dass er das tut, gering, wäre es sinnvoller, das Signal von vornherein ganz zu unterlassen.

ÜBUNGEN GESTALTEN

Die Übungen sollten entspannt, ohne Hektik und Zeitdruck stattfinden. Sie sollten
– sich wohlfühlen und ruhig und geduldig sein, wenn Sie Ihren Hund etwas lehren,
– die Einzelschritte wählen, die für die Übung nötig sind,
– ein Lockmittel wählen, für das Ihr Hund gern arbeitet.

Sitz Diese Handhaltung zeigt Pino: Hinsetzen lohnt sich. Absolut konzentriert führt er seine Aufgabe perfekt aus.

Kontaktaufnahme und schnelles Herankommen

Der Blickkontakt soll immer positiv für Ihren Hund sein. Benutzen Sie das Anschauen nie als Strafhandlung.
Gegenseitige Kontaktaufnahme ist für die Verständigung zwischen Mensch und Hund unerlässlich. Nur wenn Ihr Hund Ihnen immer wieder Aufmerksamkeit schenkt, können Sie ihm zeigen, was Sie von ihm möchten. Doch Anstarren ist bei Hunden eine Drohgeste und wird als ein Zeichen von Aggression gewertet. Deshalb muss längerer Blickkontakt geübt und positiv verknüpft werden.
Nehmen Sie ein Häppchen und führen Sie es in Stirnhöhe. Er folgt Ihrer Handbewegung mit den Augen. In dem Moment, in dem sie beide Blickkontakt haben, loben Sie ihn und geben ihm sofort das Leckerchen. Die Belohnung kommt immer ein bisschen später, so wird der Blickkontakt in kleinen Schritten länger werden. Ihr Welpe lernt: Es lohnt sich, Sie aufmerksam anzusehen. Sie wiederum wissen, dass er wirklich auf Sie achtet – nicht auf die Umwelt. Das erleichtert später Sichtzeichen. Dehnen Sie den Zeitraum des Anschauens langsam aus.

Aufmerksam Der Welpe darf nicht zu seinem Frauchen. Aber seine ganze Aufmerksamkeit ist bei ihr.

Und los gehts Erst wenn Frauchen ruft, wird der Welpe losgelassen und saust mit höchster Geschwindigkeit zu ihr.

Hier bin ich Bei Ankunft gibts ein Leckerchen. Auch Frauchen freut sich – und will ihn gleich streicheln.

Er duckt sich Das Streicheln empfindet er in diesem Moment nicht als Belohnung.

Herankommen

Sobald Ihr Welpe auf seinen Namen reagiert und Sie anschaut (siehe S. 43), können Sie einen Schritt weitergehen und die Aufforderung „Komm" anschließen. Das alles hört sich sehr leicht an, aber „Komm" ist wahrscheinlich das am unzuverlässigsten befolgte Wort in einem Hundeleben.

Trainieren Sie „Komm", indem Sie erst den Namen Ihres Hundes aussprechen, und zwar nur einmal. Ist er nicht aufmerksam, müssen Sie das weiterüben. Es hat keinen Sinn und eher negative Folgen für das weitere Training, wenn Sie trotzdem weitermachen. Ist er jedoch aufmerksam und achtet auf Sie, sprechen Sie das Signal „Komm" deutlich aus und bewegen sich gleichzeitig weg von Ihrem Hund. Es macht die Sache leichter, wenn Ihr Welpe hungrig ist. Gehen Sie jetzt mit dem Futterschälchen weg, haben Sie den Erfolg vorprogrammiert. Sobald er Sie erreicht hat, bekommt er natürlich etwas zu fressen. Üben Sie „Komm" von den verschiedensten Stellen in Ihrer Wohnung aus.

Name und „Komm"

Benutzen Sie den Namen Ihres Hundes und die Aufforderung zum Kommen nur in einem angenehmen Zusammenhang. Augenkontakt mit Ihnen, sein Name oder Herkommen darf niemals negative Folgen haben, auch wenn Sie eine halbe Stunde auf ihn warten müssen. Unangenehme Erlebnisse im Zusammenhang mit Namen oder Herankommen bewirken eine Verschlechterung der Reaktion: Er achtet weniger auf seinen Namen, er kommt weniger gern und wird daher langsamer oder vielleicht gar nicht in Reichweite Ihrer Hand kommen, wenn Sie ihn heranrufen.

Im Alltag unerlässlich Hinsetzen und Stehen

„Sitz"

Benutzen Sie bei den Übungen die Hand, mit der Sie am liebsten arbeiten. Nehmen Sie das Lockmittel in diese Hand und sagen Sie den Namen Ihres Hundes nur ein Mal. Schaut er Sie aufmerksam an, geht es weiter. Kümmert er sich nicht weiter um Sie, ist dies nicht der richtige Moment, etwas Neues zu beginnen. Üben Sie erst einmal weiterhin eine gute Namensreaktion. Schaut Ihr Hund Sie jedoch aufmerksam an, halten Sie ihm jetzt das Lockmittel vor die Nase. Bitte sagen Sie in diesem Augenblick gar nichts. Heben Sie Ihre Hand langsam an, sodass er ihr mit seiner Nasenspitze folgt. Bewegen Sie Ihre Hand langsam und gleichmäßig nach oben und hinten in Richtung der Stirn des Hundes. Er wird Ihrer Bewegung folgen, den Kopf in den Nacken legen und den Po Richtung Fußboden senken. Der landet schließlich auf dem Boden: Er sitzt.

Belohnung In dem Augenblick, in dem der Po den Boden berührt, sagen Sie vergnügt ein Lobwort und geben Ihrem Welpen sofort als Belohnung das Futterstückchen, das Sie zum Locken benutzt haben. Damit diese Belohnung richtig wirkt, muss sie wirklich sofort, innerhalb einer Sekunde, gegeben werden.
Machen Sie diese Übung ein paarmal hintereinander und am besten jeden Tag mehrmals.

Handzeichen Es entwickelt sich aus der Handbewegung, die Sie während der Übung ausführen, um Ihren Welpen in die gewünschte Position zu führen, ganz automatisch. Daher ist es sinnvoll, wenn Sie selbst darauf achten, immer dieselbe Handbewegung zu benutzen. Bei „Sitz" hebt man die Hand an, und zwar mit der Handfläche nach oben, weil so das Futter gut in der Hand liegt. Erfolgt diese Bewegung später aus dem Ellenbogen, ist sie auch aus einiger Entfernung für den Hund gut sichtbar.

Vorbereitung für Sitz Der Welpe kommt freudig dicht heran – den Blick aufmerksam auf die Hand geheftet.

Der Blick folgt der Hand – das Hinterteil senkt sich.

Er sitzt und beobachtet erwartungsvoll seinen Menschen.

Das verdiente Futterhäppchen kommt aus der anderen Hand.

Signalwort „Sitz“ wird schneller gelernt, wenn Sie es erst einführen, sobald Ihr Welpe der Handbewegung zuverlässig in die richtige Position folgt. Ab jetzt kündigen Sie die Handbewegung an. Sie sagen deutlich „Sitz“, sofort danach kommt die Handbewegung. Ihr Hund folgt dieser in die Sitzposition und erhält sofort die Belohnung. Sie werden sehen: Schon bald sitzt er, bevor Sie Ihre Hand heben. Sie machen es für Ihren Hund viel leichter, wenn Sie immer dasselbe Wort benutzen und nicht einmal „Sitz“, „Hinsetzen“ oder sogar „Mach mal Sitz“ sagen.

„Steh“

„Steh“ kann man in vielen Alltagssituationen sinnvoll einsetzen, z. B. beim Tierarzt. Für diese Übung sollte Ihr Hund sich auf Signal vor Sie setzen. Sie halten das Lockmittel in der Hand und bewegen dieses langsam waagrecht von der Nase des sitzenden Hundes weg zur Außenseite eines Beines. Ihr Hund muss dabei nach vorn ausreichend Platz haben, um sich hinstellen zu können. Bewegen Sie Ihre Hand so langsam, dass er, um ihr zu folgen, nur aufstehen, aber keinen Schritt nach vorn gehen muss. Sobald er steht, sagen Sie ruhig Ihr Lobwort und belohnen ihn zügig wie bei der Sitzübung.

Handzeichen Aus der Handbewegung ins „Steh“ entwickelt sich das Handzeichen. Da man das Futter so in der Handfläche hält, dass der Hund Kontakt dazu hat, zeigen Fingerspitzen und Handfläche zur Nasenspitze des Hundes. Die Bewegung von Hand und Unterarm erfolgt aus dem Ellenbogen.

Belohnung Zu Beginn einer neuen Übung wird jedes Mal belohnt. Hören Sie nicht zu früh mit der Futterbelohnung auf – aber gewöhnen Sie Ihren Hund daran, auch der leeren Hand in die gewünschte Position zu folgen. Der richtige Augenblick dafür ist gekommen, sobald der Welpe der Hand zügig und zuverlässig folgt. Nehmen Sie das Futter jetzt heimlich in die andere Hand. Führen Sie die Bewegung mit der leeren Hand aus, die Belohnung erfolgt ebenso schnell wie zuvor – aber aus der anderen Hand.

Drei Signale, drei Bedeutungen

„Platz“

Beginnen Sie wieder mit der „Sitz“-Position. Sobald Ihr Hund vor Ihnen sitzt, halten Sie ihm das Lockmittel mit Ihrer rechten Hand vor die Nase. Nehmen Sie es zwischen Daumen und Handfläche, dabei zeigt die Handfläche zum Boden. Führen Sie Ihre Hand langsam von der Nase des Hundes zwischen seinen Vorderbeinen so zum Boden, dass er mit der Nase folgen kann, ohne aufzustehen. Irgendwann wird es für ihn einfach bequemer, wenn er sich hinlegt, damit er besser an Ihre Hand kommt.
Bei dieser Übung braucht man manchmal etwas mehr Geduld, weil ungeduldige Hunde gern wieder aufstehen oder versuchen, das Lockmittel aus der Hand auszugraben. Fassen Sie Ihren Hund erst an, wenn die Übung geklappt hat. Viele Hunde empfinden im Training Streicheln nicht als Belohnung, sondern fühlen sich eher gestört.

Handzeichen Bei „Platz“ zeigt die Handfläche nach unten. Die Bewegung nach unten erfolgt wieder aus dem Ellenbogen. Geben Sie später auf weite Entfernungen das Handzeichen, können Sie aus dem Schultergelenk heraus deutlichere Bewegungen machen als aus dem Ellenbogen. Ihr Hund kann so das Signal besser erkennen. Das Handzeichen selbst entwickelt sich aus der beim Training benutzten Handposition.

Das Häppchen ist zwischen Daumen und Handfläche geklemmt.

Pino weiß das natürlich – er riecht es ja.

Gern folgt er der Hand in die Platzposition.

Handzeichen Es geht jede Handhaltung und -bewegung. Macht man es immer gleich, wird es schnell zum Handzeichen.

Training erleichtern

Hunde lernen leichter, länger in der Platzposition zu bleiben, wenn der Halter sich am Anfang nicht entfernt, sondern direkt neben dem Hund bleibt. In kleinen Schritten wird die Zeit ausgedehnt, die der Hund in der Platzposition verharrt, und jedes Mal durch das Signal „Lauf" beendet. Ein Hund, der schon gelernt hat, länger liegenzubleiben, lernt anschließend auch schneller liegenzubleiben, wenn Sie sich von ihm entfernen. Er wartet außerdem geduldiger, wenn Sie ihn nicht zu sich rufen, sondern hingehen und ihn in seiner Platzposition belohnen.

„Bleib"

Ein Hund kann also lernen, in einer bestimmten Position zu verharren, bis er daraus entlassen wird, z. B. mit dem Signalwort „Lauf". Eine andere Möglichkeit ist, den Hund extra dazu aufzufordern, in seiner Position zu bleiben, z. B. mit dem Wort „Bleib" und einer dazu passenden Geste. Um den Hund nicht unnötig zu verwirren sollte man aber eine klare Entscheidung treffen und dann auch dabei bleiben.

„Leg dich"

Aus der Platzposition können Sie Ihren Hund in die Seitenlage führen. Nehmen Sie Ihr Lockmittel und knien Sie sich vor ihn. Führen Sie nun das Lockmittel von seiner Nase aus ganz vorsichtig und langsam seitwärts über die Schulter, die oben liegen soll, in Richtung Rücken. Wenn er mit der Nase Ihrer Hand folgt, muss er den Kopf zur Schulter drehen und sich schließlich, um an Ihre Hand zu gelangen, auf die Seite legen. Das Ganze funktioniert umso besser, je sicherer sich der Hund fühlt. Manche folgen der Hand leichter, wenn sie am Anfang die ganze Zeit etwas aus der Hand lecken dürfen – z. B. Leberwurst.

Handzeichen Bei „Leg dich" zeigt die Handfläche zu Beginn nach unten, durch Drehen des Unterarms im Ellbogen wird die Handfläche nach oben gewendet.

009 **Platz** Im Film wird noch einmal gezeigt, wie man Hunden das Signal Platz beibringt.

FÜR KIDS

So werdet ihr die besten Freunde

❶ Vorsichtig nehmen

Für den Welpen ist alles neu: die Wohnung und auch eure ganze Familie. Jetzt ist es am besten, wenn er möglichst gute Erfahrungen macht. Dabei ist Füttern aus der Hand sehr hilfreich. So lernt er, deine Hände zu lieben. Bei allen Übungen sollte auf jeden Fall deine Mama oder ein anderer Erwachsener mit dabei sein.

❷ Sanfter Umgang

Dein Welpe vertraut dir ganz offensichtlich: Er liegt entspannt auf dem Rücken und genießt es, dass du seinen Bauch streichelst. Wenn du mit ihm sanft umgehst, lernt er am leichtesten, auch dir gegenüber sanft zu sein. Wenn Spiele zu grob werden, hört man am besten auf.

Der Nase nach 3

Hunde lernen die Köpersprache schneller als Worte. Nimm Futter in die Hand und führe deinen Welpen in die gewünschte Position. Du wirst sehen, welche Freude es ihm macht, mit dir eine kleine Übung zu machen. Was er nun lernt, wird er auch später, wenn er erwachsen ist, noch gerne machen. Sogar für jemanden, der nicht so stark ist wie er selbst.

Überforderung erkennen 4

Erwarte niemals, dass dein Welpe etwas kann, was du ihm nicht beigebracht hast. Dazu musst du viel mit ihm üben, aber er darf auch nicht überfordert werden. Du musst mit ihm also einfach Geduld haben. Ihm geht es so wie dir in der Schule.

Verhalten unterbrechen das Abbruchsignal

Ein Korrektur- oder Abbruchsignal soll eine unerwünschte Handlung abbrechen oder den Hund von vornherein davon abhalten. Es bedeutet: Weitermachen lohnt sich nicht, ein anderes Verhalten schon. Das erspart dem Hund Unsicherheit und Stress. Man trainiert es frühestens, wenn das Vertrauensverhältnis gut ist.

Übung 1 – Basisübung

Bieten Sie Ihrem Hund mehrmals hintereinander ein Leckerchen auf der offenen Handfläche an: Er darf es nehmen. Dann sagen Sie deutlich Ihr Korrekturwort und schließen die Hand so schnell, dass er das Leckerchen nicht nehmen kann. Auch wenn er versucht, an das Leckerchen zu kommen, Ihre Hand bleibt geschlossen. Schließlich weicht er für einen Augenblick zurück. Sofort bekommt er aus der anderen Hand ein Leckerchen. Wiederholen Sie das Ganze mehrmals. Nach einigen Durchgängen zieht sich Ihr Hund, wenn Sie das Abbruchwort sagen, von Ihrer Hand zurück. Schließlich brauchen Sie nicht einmal mehr die Hand zu schließen.

Ihr Hund lernt drei Dinge:
— Ich brauche gar nicht weiterzumachen – es lohnt sich nicht.
— Mein Mensch weiß das von Anfang an – es lohnt sich, auf seine Worte zu achten.
— Etwas anderes – nämlich sich zurückhalten und Blickkontakt aufnehmen – lohnt sich.

Was gibt es denn da? Übung 4: Höflichkeit lernen – in der Hand ist etwas Gutes.

Die Neugier siegt Er überprüft das genauer – die Hand bleibt geschlossen.

Auf Abstand Frustriert weicht er zurück. Sofort öffnet sich die Hand.

Belohnt Er darf fressen und lernt dabei: die Höflichkeit hat sich gelohnt.

Sobald die Übung mit der einen Hand gut funktioniert, muss auch mit der anderen Hand geübt werden. Schließen Sie die Hand jedes Mal nach dem Wort so schnell, dass Ihr Hund auf keinen Fall zwischendurch doch einmal ein Leckerchen erwischen kann. Üben Sie, bis er eindeutig verstanden hat: Nicht die Hand, sondern das Wort ist wichtig. Es bedeutet: Zurückziehen lohnt sich, weitermachen nicht. Damit das Signalwort auch in anderen Situationen wirkt, muss es auch oft in anderen Zusammenhängen geübt werden.

Übung 2 – mit Helfer

Ein Helfer bietet Ihrem Hund ein Leckerchen an. Sie sagen das Korrekturwort, der Helfer schließt die Hand. Sobald Ihr Hund sich vom Helfer ab- und Ihnen zuwendet, erhält er von Ihnen sofort eine Belohnung. Hunde, die den Helfer übermäßig bedrängen, leint man am Anfang einfach sicherheitshalber an.

Übung 3 – Fußboden-Tabu

Legen Sie ein Leckerchen so auf den Fußboden, dass Sie es schnell mit dem Fuß abdecken können. In dem Augenblick, in dem Ihr Hund das Häppchen nehmen will, sagen Sie Ihr Korrekturwort und stellen sofort schützend den Fuß darüber. Warten Sie in Ruhe ab, bis Ihr Hund Ihnen ins Gesicht schaut, und belohnen Sie das dann sofort. Planen Sie Ihre Übungssituationen so, dass Ihr Hund nur das Richtige tun kann. Jedes Mal, wenn er einen Fehler macht oder sogar das Häppchen erhascht, hat er etwas Falsches geübt.

Führen Sie diese Übungen auch mit Spielsachen durch. Man kann z. B. einen Ball wegrollen und den Hund durch das Korrekturwort davon abhalten, ihm zu folgen. Nehmen Sie am Anfang ein Spielzeug, das nicht allzu verführerisch ist, oder leinen Sie Ihren Hund sicherheitshalber an.

Übung 4 – Höflichkeit

Auf den ersten Blick gleicht diese Übung den vorhergehenden Übungen, aber der Welpe lernt etwas anderes und es gibt kein Signalwort.

- Man hält ein Leckerchen in der geschlossenen Hand und präsentiert sie dem Welpen.
- Er schnüffelt an der Hand, vielleicht bedrängt er sie sogar.
- Schließlich zieht er sich frustriert zurück.
- Sofort öffnet sich die Hand und er darf den Inhalt fressen.

Der Welpe lernt, es lohnt sich, wenn er sich zurückzieht und die Hand mit dem Leckerchen nicht bedrängt. Er lernt, sich selbst zu beherrschen und zu kontrollieren. Eine Übung zur „Frustrationskontrolle."

Tipp: „Lass das"

„Nein" als Abbruchsignal eignet sich schlecht, da es im Alltag ständig benutzt wird. Ein spezielles Signal wie „Lass das" ist deshalb besser geeignet.

Entspannt an der Leine

Man unterscheidet zwischen guter Leinenführigkeit und dem Signal „Bei Fuß". „Bei Fuß" bedeutet, dass der Hund eine genau definierte Position einnehmen muss – eine Aufgabe für Fortgeschrittene. Unter guter Leinenführigkeit versteht man, dass der Hund sich gern und ohne Weiteres anleinen lässt und ohne zu ziehen ordentlich an der Leine mitgeht. Das sollte jeder Hund beherrschen. Je früher man mit dem Üben beginnt, desto besser. Es ist kein Zufall, dass die meisten Hunde, die von ihren Besitzern im Tierheim abgegeben werden, größeren Rassen angehören und oft gerade erst ausgewachsen sind.

Anleinen

Früher oder später lernen die meisten Hunde, Anleinen in der Wohnung bedeutet etwas Gutes: Der Spaziergang geht los. Anleinen draußen dagegen heißt: Der Spaß ist vorbei. Also lassen sie sich nicht mehr so gern anleinen. Deswegen lohnt es sich, das Anleinen von Anfang an angenehm zu gestalten:

- Machen Sie sich klein. Vermeiden Sie Körperhaltungen, die Hunde als bedrohlich empfinden, z. B. sich von oben herab über sie zu beugen.
- Geben Sie Ihrem Hund beim Anleinen ein Leckerchen.
- Leinen Sie ihn auf dem Spaziergang zwischendurch immer mal wieder an, belohnen Sie ihn. Nach ein paar Schritten leinen Sie ihn wieder ab.
- Benutzen Sie Anleinen nicht als Strafmaßnahme.
- Achten Sie grundsätzlich auf Stresssignale, z. B. ein angehobenes Vorderpfötchen oder Lecken über die Nase.

An- und Ableinen In den ersten Tagen gibt es jedes Mal ein Häppchen. Schnell wird Stillsitzen zur Gewohnheit.

Abgelenkt Die Leine ist straff, weil Pino etwas Interessantes sieht – das würde er gern mal genauer ins Auge fassen.

Belohnung Aber Pino findet den eigenen Mensch besser – er schaut ihn an, das lockert die Leine, Belohnung kommt.

Druck erzeugt Gegendruck

Einen Welpen kann man natürlich einfach an der Leine festhalten und dazu zwingen, mitzukommen oder langsamer zu gehen. Das erschwert jedoch das weitere Training: Ein angeborener Reflex führt dazu, dass sich der Hund zuerst einmal automatisch gegen den Leinenzug stemmt. Probieren Sie es einfach aus: Drücken Sie Ihrem Hund mit der flachen Hand seitlich sanft gegen die Brustwand. Er wird sich unweigerlich dagegenlehnen. Wenn Sie an der Leine ziehen, löst das dieselbe Reaktion aus: Der Hund muss sich zunächst dagegenlehnen, er kann gar nicht anders. So gewöhnt er sich von vornherein daran, dass die Leine straff ist. Das macht das An-der-Leine-Gehen für beide Teile eher unangenehm. Sinnvoller als ein jahrelanger Kampf gegen schlechte Angewohnheiten wäre, wenn Sie Ihrem Welpen gleich von Anfang an zeigen, was Sie möchten, und das mit ihm üben.

Verschiedene Methoden

Hunde lernen durch die Erfahrung, dass es sich lohnt, in einer bestimmten Position schön an der Leine zu gehen. Dazu gibt es prinzipiell zwei Möglichkeiten:

- Es passiert etwas Unangenehmes, sobald der Hund nicht das Richtige tut, z. B. ein kräftiger Leinenruck, wenn er zieht. Den Ruck kann er vermeiden, indem er nicht zieht. Diese Vorgehensweise ist für Hunde und viele Menschen unangenehm.
- Es passiert etwas Gutes, z. B. ein Leckerchen, wenn er an der richtigen Stelle geht. Diese Methode macht Mensch und Hund Spaß.

Tipp: Auf dem Arm

Sind Sie mit Ihrem Welpen draußen und haben es eilig, tragen Sie ihn lieber, bevor Sie ihn hinter sich herzerren. Nehmen Sie ihn am Anfang nur an die Leine, wenn Sie auch selbst zum Üben bereit sind.

Kleine Schritte zur Leinenführigkeit

Bereiten Sie eine ausreichende Menge von kleinen Belohnungshäppchen vor, die schnell und ohne viel Kauen geschluckt werden können. Tragen Sie diese in einem Behälter, der nicht knistert und leicht zugänglich ist, bei sich. Geeignete Taschen gibt es im Fachhandel. Außerdem brauchen Sie eine mindestens zwei Meter lange Leine.

Die Entscheidung, auf welcher Seite Ihr Hund in Zukunft gehen soll, hängt allein davon ab, was Sie selbst als angenehm empfinden. Im Hundesport allerdings wird der Hund üblicherweise links geführt.

Üben Sie, wenn Sie Ruhe haben und Sie und Ihr Welpe in guter Stimmung sind. Welpen können sich noch nicht lange konzentrieren, daher sind am Anfang kurze, aber häufige Übungen und wenig Ablenkung besser. Das ändert sich aber mit zunehmender Übung.

An lockerer Leine Aufmerksam geht Pino an der lockeren Leine. Gibt's ein Häppchen? Er leckt schon sein Mäulchen.

Pino eilt rasch hinterher. Die Leine ist wieder locker.

Seine Körperhaltung zeigt deutlich: Das macht Spaß.

Und wieder ein Häppchen – das Ganze lohnt sich einfach.

Aufbau der Übung

Führen Sie, während Sie gehen, den Welpen mit einem Leckerchen in die gewünschte Position und geben Sie ihm dort die Belohnung. Bleiben Sie in Bewegung und geben Sie alle paar Schritte ein Leckerchen. Die einzelnen Belohnungen sollten so schnell aufeinanderfolgen, dass Ihr Welpe überhaupt nicht auf die Idee kommt, für etwas anderes Interesse zu zeigen. Gehen Sie am Anfang nur ganz wenige Schritte.

Ist die Übung beendet, geben Sie Ihrem Welpen ein Signal, das bedeutet, dass er jetzt spielen gehen darf, z. B. „Lauf". Bevor Sie ihn ableinen, sollte er aber erst Blickkontakt mit Ihnen aufnehmen oder sich sogar neben Sie setzen. Lassen Sie ihn nicht einfach losrennen, wenn er zieht!

Verlängern Sie langsam die Zeiträume zwischen den einzelnen Belohnungen, und steigern Sie nach und nach vorsichtig die Ablenkungen.

Kein Ziehen am Halsband

Man kann natürlich nicht die ganze Zeit, die der Hund an der Leine geführt wird, mit ihm üben. Es wird also zwangsläufig immer wieder dazu kommen, dass er an der Leine zieht und sich so unerwünschtes Verhalten angewöhnt. Mit einem Trick kann man dem vorbeugen. Entscheiden Sie sich jetzt, ob Ihr Hund später mit der Leine am Halsband oder am Geschirr geführt werden soll. Ziehen Sie ihm immer beides gleichzeitig an. Wenn Sie Ihren Hund später am Halsband führen möchten, wird die Leine zum Üben am Halsband befestigt. Sobald Sie mit dem Üben fertig sind, befestigen Sie die Leine am Geschirr. Nun darf er auch etwas nach vorn gehen und muss nicht unmittelbar neben Ihnen laufen. Vorausgesetzt, Sie selbst halten sich zuverlässig an diese Regel, lernt Ihr Hund schnell: Mit Halsband und Leine geht man ordentlich. Hat er dies erst einmal gelernt, brauchen Sie nur noch Leine und Halsband. Das Signal, ordentlich an der Leine zu gehen, sind die Leine selbst und das Halsband. So lernen z. B. auch Blindenführhunde, dass das Geschirr „Dienst" bedeutet.

Tipp: Verhalten verstärken

Verhalten, das belohnt wird, tritt häufiger auf. Wenn Sie also Ihrem Hund beim Ziehen an der Leine nachgeben, so ist das die direkte Belohnung für das Ziehen. Er durfte dorthin gehen, wohin er wollte. Also wird er immer mehr ziehen.

010 **Leinentraining** Im Film wird noch einmal gezeigt, wie man Hunden das Fußlaufen beibringt.

Umgang mit unerwünschtem Verhalten

Konzentrieren Sie sich immer nur auf die Lösung eines Problems. Widmen Sie sich dem nächsten erst, wenn das eine gelöst ist.
Körperliche Strafen, Gewalt oder sogenannte Korrekturen wenden wir bei Welpen ganz bewusst nicht an. Sie mindern das Vertrauen, verwirren den Welpen und fördern Unsicherheit. Daher sind sie gerade in der Welpenerziehung wenig hilfreich. Zudem kann man als Mensch durch die Fehleinschätzung einer Situation durchaus einmal falsch reagieren. Da können Sie sich aber bei Ihrem Hund hinterher leider nicht einfach entschuldigen und erklären, dass oder warum Sie etwas falsch gemacht haben. Ein einziger Fehler kann, besonders bei einem jungen Hund, das Vertrauen nachhaltig zerstören und zu Verhaltensproblemen führen. Überdies wirkt eine als Strafe gedachte Handlung auf einen Hund nicht unbedingt als Strafe. Er kann sie auch als Zuwendung wahrnehmen. Damit ist die als „Strafe“ gemeinte Handlung für ihn erstrebenswert und verstärkt so das unerwünschte Verhalten.

011 **Gibs her** Im Film wird noch einmal gezeigt, wie man Hunden das Ausgeben beibringt.

Ausgeben Tauschen ist besser als ein Jagdspiel, oder dass er es schnell schluckt.

Leinenzerrer Solche Spiele besser vermeiden und sofort abbrechen. Lassen Sie einfach die Leine los.

Schnell zerfetzt Geeignetes Kauspielzeug wäre besser. Alles, was einem lieb und teuer ist, gehört außer Reichweite.

Entzug von Zuwendung

Ein wirksames Mittel in der Erziehung ist in diesem Alter der Entzug von Zuwendung. Denken Sie zurück: Beim Hochspringen und dem Erlernen der Beißhemmung wurde unerwünschtes Verhalten „bestraft", indem Sie die Anwesenheit und das Verhalten des Hundes nicht zur Kenntnis genommen und Ihre Zuwendung entzogen haben. Zusätzlich wurde das erwünschte Verhalten in dem Augenblick belohnt, in dem es eintrat, und dadurch verstärkt.

Auszeit

Für diesen intensiven Entzug von Zuwendung eignet sich ein Platz in Ihrer Wohnung ohne positive Dinge wie Zuwendung, Spielsachen oder Futter. Hierhin bringen Sie Ihren Hund, wenn Sie ihm etwas abgewöhnen wollen, schließen die Tür und entziehen ihm so vorübergehend Ihre Gesellschaft. Sein Verhalten hat ihm also deutliche Nachteile gebracht – er hat Ihre Zuwendung verloren. Hunde empfinden das als sehr unangenehm. Schicken Sie ihn aber nicht auf den Schlafplatz – der soll ja Zuflucht, Spielplatz und angenehmer Aufenthaltsort bleiben.
Sobald Ihr Hund das unerwünschte Verhalten zeigt, nehmen Sie ihn also nach einem kurzen, deutlichen Ankündigungswort („Schluss jetzt") und bringen ihn zügig und ohne weitere Worte an diesen Platz. Ihre Reaktion muss jedes Mal im richtigen Augenblick erfolgen – möglichst sofort, wenn er sein unerwünschtes Verhalten zeigt. Jeder zeitliche Abstand zwischen seinem Verhalten und Ihrer Reaktion vermindert die Wirksamkeit dieser Erziehungsmaßnahme beträchtlich. Beachten Sie ihn ungefähr zwei bis fünf Minuten nicht. Danach holen Sie ihn wieder, ebenfalls ohne weitere Worte – damit ist die Sache vorbei. Fängt er wieder an, warnen Sie ihn mit demselben Wort, aber nur einmal. Falls er nicht sofort aufhört, wiederholen Sie das Ganze. Benutzen Sie immer dasselbe Wort und denselben Platz. Das unerwünschte Verhalten lässt nach, wenn Sie das Ganze konsequent durchführen.

Tipp: Ignorieren

Reagieren Sie nicht auf Ihren winselnden Hund, oder wenn er mit seiner Pfote an Ihrem Bein kratzt, es sei denn, Sie möchten, dass er damit immer wieder Ihre Aufmerksamkeit erregt. Loben Sie ihn stattdessen, wenn er sich so verhält, wie Sie es gern haben.
Aber Vorsicht: Wenn die Handlung selbst dem Hund Vergnügen bereitet, funktioniert Ignorieren nicht. In solchen Fällen, z. B. beim Anknabbern von Gegenständen, sorgt man besser dafür, dass der Hund von vornherein keine Gelegenheit hat, das unerwünschte Verhalten auszuführen.

Im Alltag zu viel Aufmerksamkeit

In sehr vielen Fällen entsteht unerwünschtes Verhalten erst durch unbewusste und unbeabsichtigte positive Verstärkung vonseiten des Hundebesitzers. Ein Hund, der bellt, winselt oder knurrt, erhält meist eine Reaktion, sei es ein beruhigendes Wort oder die Aufforderung zur Ruhe. Beides kann vom Hund als Zuwendung und damit als Belohnung empfunden werden, weil ihm auf diese Weise Aufmerksamkeit zuteil wird. So wird sein Verhalten unabsichtlich verstärkt.

Erwünschtes Verhalten

Gehen Sie von Anfang an richtig vor. Machen Sie das Verhalten, das Sie haben möchten, für Ihren Hund selbst erstrebenswert. Reagieren Sie auf erwünschtes Verhalten, z. B. wenn er sich selbst mit einem Spielzeug beschäftigt, mit Zuwendung, einem Lobwort oder sogar einer Belohnung. So können Sie gezielt ein bestimmtes Verhalten fördern, einfach, weil jede Art von Zuwendung verstärkend wirkt. Sehen Sie zu ihm hin, wenn er etwas tut, das Ihnen gefällt, z. B. wenn er irgendwo ruhig liegt. Reagieren Sie nicht bei unerwünschtem Verhalten. Ignorieren Sie z. B. das Bellen, warten Sie ab, bis eine Pause eintritt, und loben und belohnen Sie dann. So verstärken Sie gezielt das ruhige Verhalten.

Aufdringlichkeit

Hektisches, unruhiges und aufdringliches Verhalten wird fast immer durch den Hundehalter verstärkt, der es durch Lachen, Hinschauen, Anfassen, aber auch durch Tadel für den Hund lohnenswert macht. Auch hier gilt es, unerwünschtes Verhalten zu ignorieren und erwünschtes Verhalten zu belohnen. Am besten wäre natürlich Vorbeugen: Sorgen Sie dafür, dass Ihr Hund nicht in Versuchung kommt. Warten Sie also nicht ab, bis Ihr Hund vor Langeweile einfach etwas unternehmen muss, um Sie vom Fernseher wegzulocken. Ein gefüllter Kong oder ein Kauknochen kann den Kleinen beschäftigen.

Vorsicht Jagd- bzw. Hüteverhalten sollte von Anfang an gezielt in die richtige Bahn gelenkt werden.

Wer schläft, sündigt nicht Geregelte und ungestörte Ruhepausen sind für eine gesunde Entwicklung unerlässlich.

Ängstliches Verhalten

Der Versuch, durch Trost und Streicheln Angst zu lindern, kann aus verschiedenen Gründen eine unbeabsichtigte Verstärkung bewirken:

1. Tröstende Worte können wie eine Belohnung wirken und ängstliches Verhalten verstärken.
2. Das veränderte Verhalten des Menschen kann den Welpen verunsichern und bei ihm den Eindruck erwecken, dass seine Angst berechtigt ist.
3. Das tröstende und veränderte Verhalten der Bezugsperson kann bei einem Hund, der im Grunde gar keine Angst hat, die Angst erst auslösen.

Natürlich ist nichts davon wünschenswert. Erscheinen Sie daher auch in beunruhigenden Situationen so unbeeindruckt wie möglich und verhalten Sie sich ruhig und gelassen. Zeigen Sie Ihrem Hund dadurch, dass alles in bester Ordnung ist und kein Anlass für Angst besteht. Vermeiden Sie so eine unbeabsichtigte Verstärkung seines ängstlichen Verhaltens. Beruhigend wirken kann entspannter Körperkontakt: z. B. gemütlich dicht nebeneinandersitzen. Übergroße Abhängigkeit eines Hundes von seiner Bezugsperson kann Bellen, Heulen, Unsauberkeit und das Zerstören von Gegenständen während der Abwesenheit dieser Person auslösen. Beugen Sie einer solchen Entwicklung vor. Üben Sie von Anfang an, Ihren kleinen Hund allein zu lassen. Lassen Sie ihn am Anfang erst einmal nur für kurze Augenblicke in einem anderen Raum allein. Schließen Sie einfach die Tür, wenn Sie auf die Toilette gehen, sodass er nicht nachfolgen kann. Gehen Sie unauffällig hinaus, ohne viele Erklärungen oder einen auffälligen Abschied. Es sollte für ihn ein vollkommen selbstverständliches Ereignis werden.

Tipp: Alleinebleiben

Steigern Sie schrittweise die Zeit Ihrer Abwesenheit. Lassen Sie den Welpen vor allem am Anfang nicht über längere Zeiträume allein. Falls er in Ihrer Abwesenheit etwas anstellt, sollte er nicht dafür bestraft werden. Er war überfordert. Zusätzlich kann die Erfahrung, dass Ihre Rückkehr mit Unannehmlichkeiten verbunden ist, Angst vor Ihrer Rückkehr auslösen.

Welpen-service

Zum Weiterlesen

Del Amo, Celina, Renate Jones-Baade und Karina Mahnke: **Der Hunde-Führerschein.** Ulmer 2019

Donaldson, Jean: **Hunde sind anders – das Praxisbuch.** Kosmos 2012

Feddersen-Petersen, Dr. Dorit: **Hundepsychologie.** Kosmos 2004

Handelman, Barbara: **Hundeverhalten: Mimik, Körpersprache und Verständigung**. Kosmos 2010

Harries, Brigitte: **Welpe.** Kosmos 2007

Metz, Gabriele und Dr. Esther Schalke: **Hundeführerschein und Sachkundenachweis.** Kosmos 2019

Pryor, Karen: **Positiv bestärken – sanft erziehen.** Kosmos 2017

Schöning, Dr. Barbara: **Hundeverhalten.** Kosmos 2008

Schöning, Dr. Barbara: **Hundeprobleme.** Kosmos 2011

Theby, Viviane: **Das Kosmos-Welpenbuch.** Kosmos 2016

Theby, Viviane: **Clickertraining leicht gemacht**. Kynos 2012

Theby, Viviane: **Hundeschule.** Kosmos 2010

Winkler, Sabine: **Hundeerziehung.** Kosmos 2017

Quellen

Carlson, Neil R.: **Physiology of Behaviour.** Paramount Publishing 1994

Liebermann, David A.: **Learning Behaviour and Cognition.** Wadsworth 2000

Lindsay, Steven R.: **Handbook of Applied Dog Behavior and Training, Band 1–3.** Iowa State Press 2000

Zum Weiterclicken

www.gtvmt.de
Die „Gesellschaft für Tierverhaltensmedizin und -therapie" bietet Unterstützung bei unerwünschtem Verhalten und Verhaltensproblemen.

www.lupologic.de
Hier finden Sie interessante Seminare rund um den Hund. Organisiert werden sie vom „Zentrum für angewandte Kynologie und klinische Ethologie".

www.certodog.ch
Die „Stiftung für das Wohl des Hundes" bietet Kurse und Seminare zu vielen Hundethemen an.

www.renate-jones.de
Mehr über die Autorin und ihre Arbeit finden Sie auf der Homepage von Frau Dr. Renate Jones.

Danke

Ein herzliches Dankeschön geht an alle Welpenbesitzer, die ihre Hunde für das Fotoshooting zur Verfügung gestellt haben. Ebenfalls bedanken wir uns bei der Firma Trixie, die uns bei der Ausstattung der Fotos großzügig mit ihren Produkten unterstützt hat. Frau Celina del Amo und ihre Hundeschule „Knochenarbeit" haben uns beim Dreh der Filme für die Kosmos Pluss App Zugang zu ihrer Welpengruppe und ihrem Hundeschulgelände ermöglicht, dafür sei gedankt. Und natürlich ein dickes Dankeschön an alle Vierbeiner. Ohne die Mithilfe aller Beteiligten vor und hinter den Kulissen wäre es nicht so ein schönes Buch geworden.

Register

Bildnachweis

113 Farbfotos wurden von Tierfotoarchiv-Drewka/Kosmos für dieses Buch aufgenommen. Weitere Farbfotos von Sabine Stuewer/Kosmos (1; S. 16) und Fotolia (3; S. 29, 34, 35).

Die Filme für die QR-Codes wurden von Dr. Janusch Medien Service für dieses Buch gedreht.

Impressum

Umschlaggestaltung von GRAMISCI Editorialdesign unter Verwendung von einem Farbfoto von iStock/cynoclub und Trio Bildarchiv/Dana Thimel (U4). Klappe vorne Innen: Daniela Drews/Kosmos o.l., Anna Auerbach o.M. und u.l., Heike Schmidt-Röger/Kosmos o.r., Trio Bildarchiv/Natalie Große u.M., Heike Schmidt-Röger u.r.. Klappe hinten innen: Anna Auerbach/Kosmos (4) und Anna Auerbach. u.M. und u.r. Autorenfoto: Renate Jones/privat.

Mit 117 Farbfoto

Alle Angaben in diesem Buch erfolgen nach bestem Wissen und Gewissen. Sorgfalt bei der Umsetzung ist indes dennoch geboten. Der Verlag und die Autorin übernehmen keinerlei Haftung für Personen-, Sach- oder Vermögensschäden, die aus der Anwendung der vorgestellten Materialien und Methoden entstehen könnten. Es wird empfohlen, für die Online-Zusatzangebote WLAN zu verwenden. Das mobile Surfen ohne WLAN kann dazu führen, dass zusätzliche Kosten für die Datennutzung bei Ihrem Mobilfunkanbieter entstehen.

Gedruckt auf chlorfrei gebleichtem Papier

2. aktualisierte und überarbeitete Ausgabe

ISBN 978-3-440-15751-0
Projektleitung: Alice Rieger
Redaktion: Hilke Heinemann
Gestaltungskonzept: GRAMISCI Editorialdesign, München
Gestaltung und Satz: Atelier Krohmer, Dettingen/Erms
Aktualisierung: DOPPELPUNKT, Stuttgart
Produktion: Nina Renz
Druck und Bindung: Westermann Druck Zwickau GmbH, Zwickau
Printed in Germany / Imprimé en Allemagne

FSC
www.fsc.org
MIX
Papier aus verantwortungsvollen Quellen
FSC® C110508